Figma

デザイン入門

UIデザイン、プロトタイピングから
チームメンバーとの連携まで

綿貫佳祐　著

技術評論社

免責

●記載内容について

本書に記載された内容は、情報の提供だけを目的としています。したがって、本書を用いた運用は、必ずお客様自身の責任と判断によって行ってください。これらの情報の運用の結果について、技術評論社および著者はいかなる責任も負いません。

本書に記載がない限り、2022年12月現在の情報ですので、ご利用時には変更されている場合もあります。以上の注意事項をご承諾いただいた上で、本書をご利用願います。これらの注意事項をお読みいただかずにお問い合わせいただいても、技術評論社および著者は対処しかねます。あらかじめ、ご承知おきください。

●商標、登録商標について

本書に登場する製品名などは、一般に各社の登録商標または商標です。なお、本文中に™、Ⓡ などのマークは省略しているものもあります。

はじめに

Figma（フィグマ）とは、ブラウザ上で動くインターフェースデザインツールです。動作環境を選ばず、リアルタイムな共同編集が可能なため、オンライン上でチームメンバー全員が集まってデザインを進められます。

2021年にUX Toolsが実施した全世界向けのデザインツール利用動向調査[a]によれば、Figmaは9つの分野のうち5つでシェアが1位でした。その5つとは、UIデザイン・プロトタイピング・実装者との連携・デザインシステム・ファイル管理です。つまり、Figmaはインターフェースの見た目を作るときに使われるだけでなく、要件定義から実装者との連携までずっと使われているツールだといえます。

日本でもIT系の会社を中心にFigmaの導入が進んでいます。著者の在籍しているQiita株式会社でも、UI作成はFigmaで完結し、資料作成や仕様の検討などもFigma上で行っています。具体的には、プロジェクト発足時からFigmaデータを作成し、達成したいことや想定されるユーザーストーリーなどを、ブレインストーミング[b]のように発散し、仕様を決定します。その内容をもとに、Figmaを使って詳細なインターフェースを作成しています。また、チームの振り返りのときにFigma上で意見を出し合うなど、コミュニケーションツールとして使用する場面もあります。

最近では、アジア初の拠点となる日本法人の設立や日本語版UIのリリースもあり、今後も勢いを増すでしょう。

本書では、これからFigmaを使ってみたい人に向けて、基本的な使い方を解説します。デザインはもちろん、オンラインホワイトボードとしての活用・ワイヤーフレームの作成・コーディングへの準備など、さまざまな場面での活かし方がわかる1冊となっています。

Figmaはデザインツールですが、活用法はさまざまで、デザイナーだけで使用するのはもったいないツールです。

本書が、チーム全体でFigmaを活用しデザインを効率化させるきっかけになれたらと思います。

【a】 https://uxtools.co/survey-2021/

【b】 アイデアを生み出すための方法の1つです。集団で意見を出しあい、アイデア同士を組み合わせて連鎖的に発散していくやり方です。

対象読者

本書は主に次のような方を対象としています。

- Figmaに興味はありつつも、まだ使ったことのない方
- デザインを始めてみたいけど、どのツールを使えばよいのかわからない方
- デザイナーとの連携をもっとスムーズにしたいと思っているエンジニアやディレクターなどの職種の方

Figmaはチームで使用してこそ最大限に力を出せるツールでです。チームメンバー全員で使っていくための方法もお伝えします。

本書では、Figmaの使い方や機能の説明だけでなく、新しく導入するときにアピールすべきポイント、ディレクターがワイヤーフレーム作成をFigmaだけで完結させる方法など、デザイナーが1人で使うのではなく、チーム全体で活用するための解説をします。

Figmaの特長

昨今、Webサイトやモバイルアプリなどのデジタルプロダクトを制作するフローに変化が見られます。これまでは、それぞれのデザイナーが自分のPC上でデータを作り、一度完成して初めて他人の視点が入りました。

しかし、最近では途中経過をオープンにして、できるだけ早く細かくレビューを実施するのが主流となりつつあります。始めから多くの人の観点を取り込むことで、より使いやすく、わかりやすいものが作られるからです。

こういった制作の仕方をしようと思ったとき、Figmaは非常に使いやすいデザインツールです。もちろん、純粋なインターフェースデザインツールとしての機能も充実しています。

コラボレーションのしやすさ

データはクラウド上にあり、複数人でのリアルタイム共同編集が可能です。macOSとWindowsの両方に対応しており、ブラウザさえあれば使えるので、デザイナー以外とも連携がしやすいです。

また、URL1つで関係者に共有でき、常に最新のデータをやり取りできます。

保存のし忘れによるデータ消失も起きません。

無料で使える

制作できるデータの数にこそ制限がありますが、ほぼすべての機能が無料のプランでも使えます。

また、学生や教育関係者であれば、基本的な有料プランも無料で使用できます。

効率的な制作のための機能が揃っている

繰り返し使うデータを管理する方法や整列の自動化など、従来のデザインツールでは上手く扱えなかった箇所がクリアになっています。
こういった機能によって素早い編集が可能になり、それがさらにコラボレーションを加速させます。

Figmaだけで多くの作業が完結する

データのバージョン管理・プロトタイプとしての確認・実装者との連携など、多くの作業がFigmaだけで完結します。

活発なコミュニティ

Figmaコミュニティにはさまざまなデザインデータや拡張機能が公開されていて、誰でも利用可能です。
素早く効率よく制作をするために役立ちますし、他者の作ったデータを見ることで勉強にもなります。

本書の構成

本書は、解説を読みながら実際に手を動かすことで、Figmaの主な機能が使えるようになります。

- chapter1　Figmaを使う前に
- chapter2　Figmaの基本操作
- chapter3　UIデザインを作る
- chapter4　プロトタイプを作る
- chapter5　デベロッパーハンドオフ
- chapter6　Figmaを中心としたチーム全体でのコラボレーション

本書では、難しい機能や細かいオプションの解説をできるだけ省略しています。
まずは、「Figmaでデザインができて楽しい」と思ってもらえるように工夫しました。
また、本書では紹介しきれなかった詳細な機能、オプション、メニュー、ツールを下記のサイトにまとめました。
本書を読んだうえで、「もっとFigmaについて知りたい!」と思った方は、ぜひ参考にしてください。
https://famous-strudel-dbff72.netlify.app/

本書の解説範囲

本書はマニュアル的に機能を紹介するのではなく、入門にあたってよく使う機能や優先度の高い内容を解説しています。

そのため、本書で取り扱う範囲を明確にしておきます。

主に次の内容を解説します。

- Figmaの基本的な機能
  - 無料のプラン[c]で使える範囲
  - 基本の有料プラン[d]で使える機能のうち一部
- Figmaを用いたデザイン制作の進め方
- チームとしてのFigmaの使い方

逆に、次の内容は取り扱いません。

- 主要でない機能や上級者向けの機能
- 上位の有料プランでのみ使える機能
- デザインスキルの習得方法やデザイン関連の解説
- 姉妹サービスであるFigJamの使い方や連携方法

サポートサイト

本書では、サンプルとして実際のFigmaデータを配布しています。

次のURLからご覧ください。

https://gihyo.jp/book/2023/978-4-297-13378-8

【c】 プランごとの料金や機能のちがいは「1.4 Figmaのプラン」で解説しています。

【d】 プランごとの料金や機能のちがいはchapter 1で解説しています。

本文の表記について

Figmaの言語設定には英語と日本語が選べます。本書の解説にはすべて日本語版のメニュー名や機能名を用いています。もし英語版をお使いの場合は適宜読み替えてください。

また、Figmaの機能には「ページ」や「テキスト」など、通常の言葉と区別しづらいものがいくつかあります。そのため、機能名やメニュー名を表すときには太字で**このように**表記します。例えば、単にテキストと書いてあれば文章を表し、**テキスト**と書いてあれば「テキストツール」を表します。

補足説明

右の「memo」には側注や補足的な内容をまとめています。ぜひ活用してください。

- Hint …………………… 補足説明や制作の現場で役立つ情報
- Keyboard Shortcut … 便利なショートカットキー
- Tips …………………… さらに知りたい人のための役立つサイト

CONTENTS

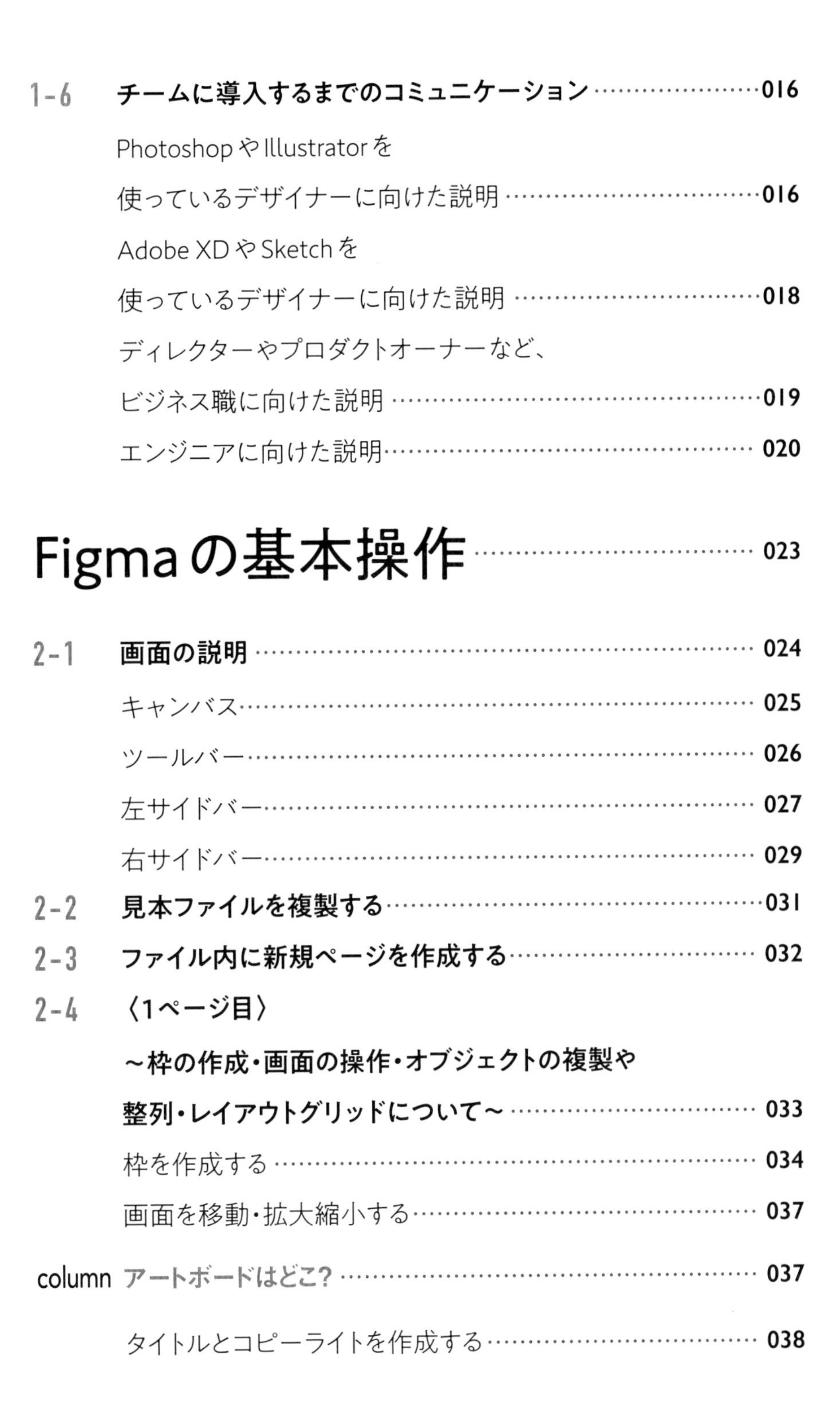

chapter

1

Figmaを使う前に

実際にFigmaを使って
デザインをしていく前に、
いくつか準備をしましょう。
アカウントの登録・
チームメンバーへの展開方法・
画面の見方などについて
解説します。

アカウントの作成

Figmaを使うためにアカウントを作成しましょう。

まずは、https://www.figma.com/ja/ にアクセスします。[サインアップ]または[Figmaを無料で体験する]をクリックします。

図1.1　FigmaのWebサイトのトップページ

画面が切り替わるので、Googleアカウントで続行するか、メールアドレスとパスワードによるアカウント作成か選んでください【1】。

図1.2　サインアップのためのモーダルウィンドウ

memo

【1】 もしすでにあなたの所属する組織全体でFigmaを利用している場合、SAML SSOによるアカウント作成もできます。SAMLとは、Security Assertion Markup Languageの略で、インターネットドメイン間でユーザー認証を行うための認証情報の規格です。心当たりがある場合は一度情報システム部などに問い合わせてください。

次に、名前・職種・Figmaの使用目的を入力します。名前はあとからでも変更でき、職種や使用目的がなんであれ使える機能は一切変わらないため、気負わず入力して問題ありません。
最新のニュースなどをメールで受け取りたい場合は、[Figmaのメーリングリストへの参加に同意します]のチェックボックスにチェックを入れて、[アカウントを作成]をクリックします。

図1.3　サインアップ時の簡単なアンケート

メールアドレスとパスワードを用いてアカウント登録をしたときは、次のような画面が表示されます【2】。

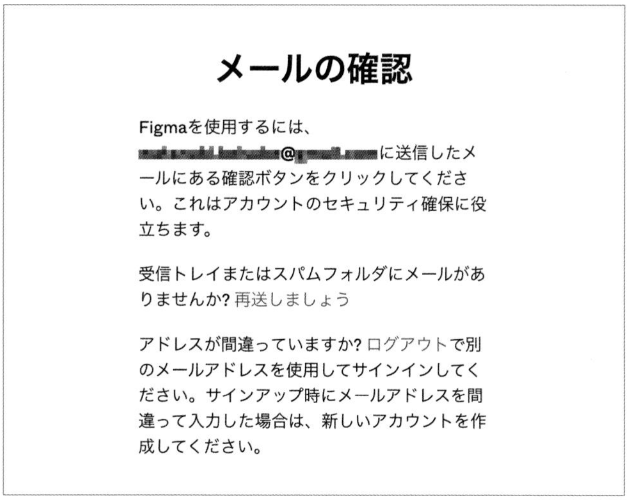

メールの確認

Figmaを使用するには、
@ に送信したメールにある確認ボタンをクリックしてください。これはアカウントのセキュリティ確保に役立ちます。

受信トレイまたはスパムフォルダにメールがありませんか? 再送しましょう

アドレスが間違っていますか? ログアウトで別のメールアドレスを使用してサインインしてください。サインアップ時にメールアドレスを間違って入力した場合は、新しいアカウントを作成してください。

図1.4　メールアドレスとパスワードを使用してアカウント作成したときの画面

memo

【2】 Googleで続行を選んでいた場合は、図1.6の画面まで飛びます。

登録したメールアドレスに確認メールが届くので、[メールを確認する]を押してください。

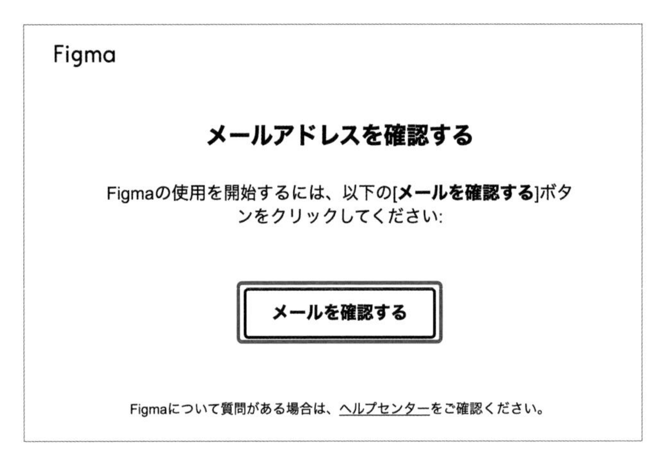
Figma

メールアドレスを確認する

Figmaの使用を開始するには、以下の[**メールを確認する**]ボタンをクリックしてください:

メールを確認する

Figmaについて質問がある場合は、ヘルプセンターをご確認ください。

図1.5 確認用に届くメール

これでアカウントの作成が完了し、Figmaが使えるようになりました。このとき、**チーム**の名前[3]を入力するための新たなタブが開きます。あとからでも変えられるので、ひとまず適当な名前を入れて、「チーム名を指定」をクリックしてください。

図1.6 チーム名を入力する画面

次に、**コラボレーター**[4]を招待する画面へと移ります。最初は不要なので、「このステップをスキップ」をクリックしてください。

memo

【3】 Figmaのデータ構造において、**チーム**という単位があります。「1.2 Figmaのデータ構造」で詳しく紹介しますので、今は一般的な「チーム」の意味と同じにとらえておいてください。

【4】 デザインデータを共同で編集する人、あるいはデザインデータを閲覧する人のことです。

図1.7 コラボレーターを招待する画面

さらに、プランを選択する画面へと移ります。ここではスタータープランを選択しておきましょう。**プロジェクト**や**ファイル**[5]の数に制限がありますが、ほぼすべての機能が使用できるため、Figmaに慣れるためにはぴったりです。

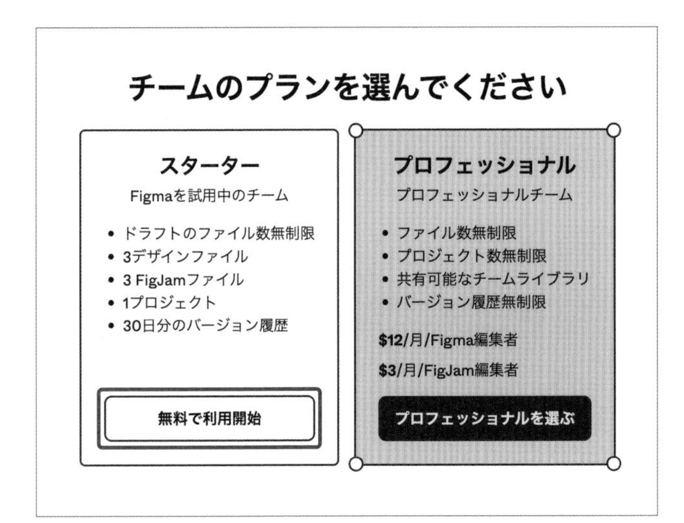

図1.8 チームのプランを選択する画面

最後に、テンプレートを用いた作業開始をうながす画面が出てくるので、「テンプレートを使用しない」をクリックしてください。慣れないうちからテンプレートを使うのもかえって難しいからです。

memo

【5】 こちらもFigmaのデータ構造における単位の名前です。「**1.2 Figmaのデータ構造**」で詳しく紹介します。

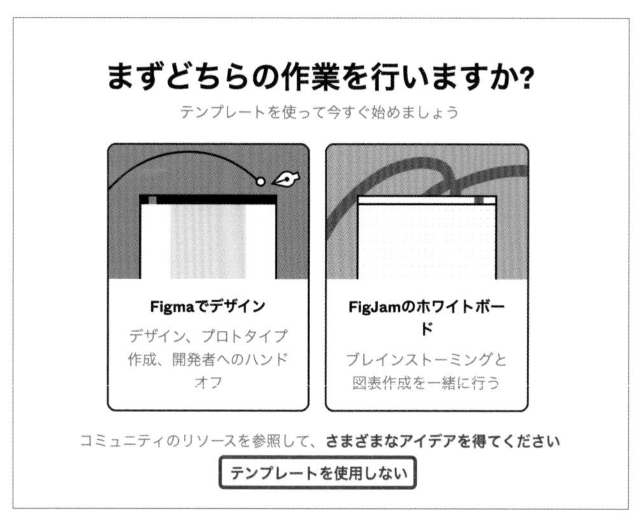

図1.9　デザインかホワイトボードかを選択する画面

以上で登録プロセスが完了しました。
ここまで来ると画面右下に［クイックツアー］の案内が出るので、興味のある人は試してみてください【6】。

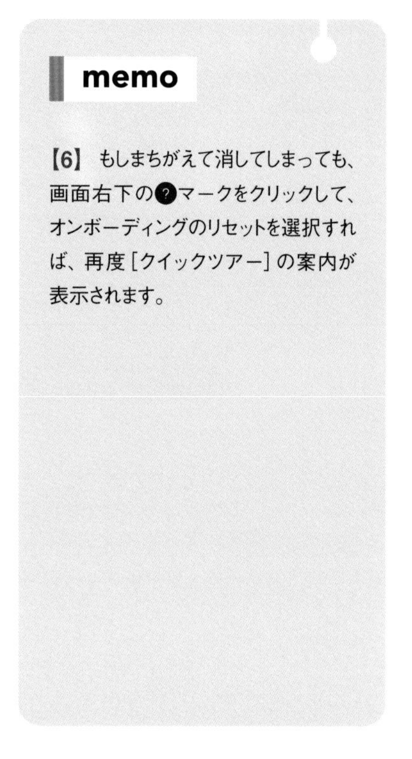

memo

【6】 もしまちがえて消してしまっても、画面右下の?マークをクリックして、オンボーディングのリセットを選択すれば、再度［クイックツアー］の案内が表示されます。

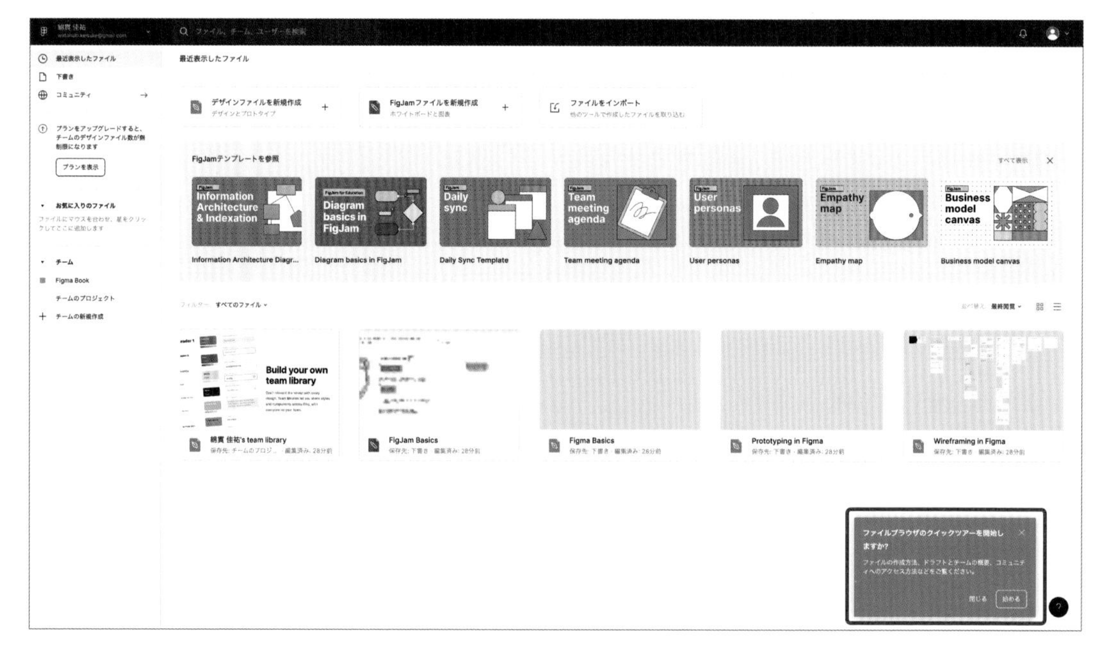

図1.10　クイックツアーへの案内

Figmaのデータ構造

Figmaのデータの構造について解説します。
Figmaのデータは**チーム・プロジェクト・ファイル**の構成で分かれています。

図1.11 Figmaのデータ構造の概略図

一番大きな単位が**チーム**で、請求や基本的なメンバー設定[1]は**チーム**ごとに行います。Figmaには、大きく分けて**編集者**と**閲覧者**の役割があり、**チーム**に所属する**編集者**の数に応じて料金が変わります。**編集者**はデザインデータを編集できます。**閲覧者**はデザインデータを編集できず閲覧しかできませんが、どれだけ増えても料金が変わりません。
次に大きな単位が**プロジェクト**で、複数の**ファイル**をまとめることができます。今回選択したスタータープランでは１つの**プロジェクト**しか作成できませんが、プロフェッショナル以上のプランであれば無制限に作成できます。
最後に**ファイル**で、実際のデザインデータはすべてこの**ファイル**

memo

【1】 個別の**プロジェクト**や**ファイル**にメンバーを追加することも可能です。**チーム**に所属しているメンバーはすべての**プロジェクト**や**ファイル**にアクセスできますが、特定の**プロジェクト**や**ファイル**に招待されたメンバーはそれ以外の**プロジェクト**や**ファイル**へはアクセスできません。

の中にあります。**ファイル**の中に、さらに複数の**ページ**を作成することも可能です。今回選択したスタータープランでは、3つの**ファイル**と、1つの**ファイル**につき3つまでの**ページ**しか作成できませんが、プロフェッショナル以上のプランであればファイルもページも無制限に作成できます。

また、ここで紹介したもの以外に**下書き**という概念も存在します。**プロジェクト**には属さない**ファイル**で、数も無制限ですが、スタータープランでは**編集者**を追加できません。名前のとおり下書きとして、自分だけで何かを試作するような場合に使います【2】。

memo

【2】 さらに上位のプランになると、複数の**チーム**を1つの組織として管理したり、**ワークスペース**という新しい単位が出現したりしますが、かなり踏み込んだ使い方であるため、本書では取り扱いません。

Figmaの ファイルブラウザ

Figmaを開いて最初に訪れる図1.12の画面について、各部の名称や機能を解説します。
図1.12の画面は**ファイルブラウザ**といいます。

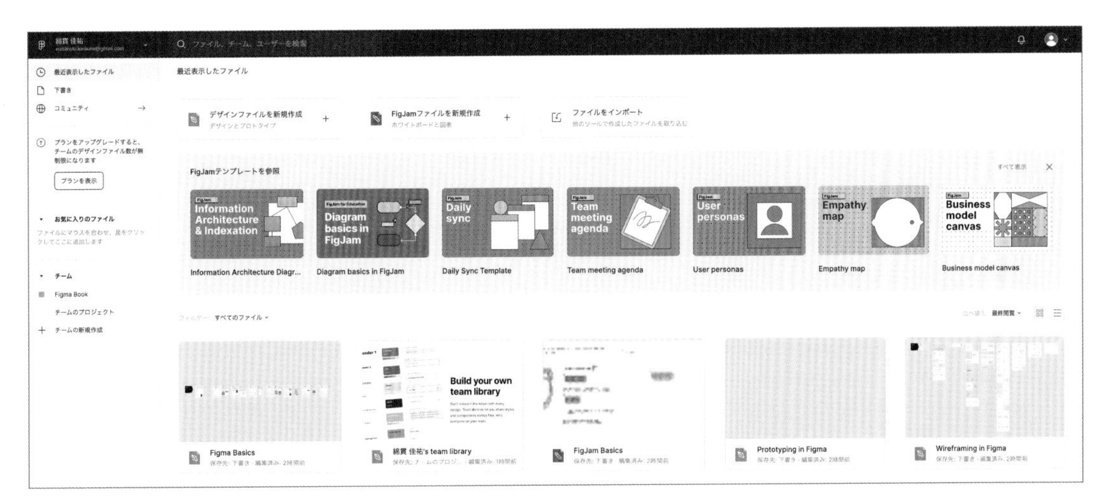

図1.12　ファイルブラウザの画面

ナビゲーションバー

画面上部には**ナビゲーションバー**があり、アカウントの設定や切り替え、ファイルの検索などができます。

図1.13　ナビゲーションバー

表1.1　ナビゲーションバーの機能

名称	機能
❶アカウント名とメールアドレス	クリックするとドロップダウンメニューが現れる。複数のアカウントを使用している場合、ここから切り替えることができる。コミュニティへのアクセスができる。
❷検索	ファイル、プロジェクト、メンバーの検索ができる。複数のチームに所属している場合、チームを横断して検索できる。
❸通知	コメントや編集のリクエストなど、通知を一覧し管理できる。
❹アバター	クリックするとドロップダウンメニューが現れる。アカウントにおける各種設定へアクセスできる。

サイドバー

サイドバーには各種**ファイル**群への動線があります。

図1.14　サイドバー

表1.2　サイドバーの機能

名称	機能
❶最近表示したファイル	直近で編集、または閲覧した**ファイル**や**プロトタイプ**が一覧できる。
❷下書き	**下書き**と**削除済み**の**ファイル**が両方この中に入っている。マウスの矢印をかざしたときに表示される＋をクリックすると、**ファイル**を新規に作成できる。
❸コミュニティ	クリックすると**コミュニティ**へアクセスできる。
❹お気に入りのファイル	各**ファイル**のサムネイルにマウスの矢印をかざしたとき、表示される☆をクリックするとこのエリアに表示される。
❺チーム	所属している**チーム**と、**お気に入り**に登録している**プロジェクト**がツリー状に表示される。

メインボディ

ファイルブラウザの右側上部には、**ファイル**を作成するためのメニューがあります。

図1.15　メインボディ上部 ファイル作成用メニュー

表1.3　メインボディの機能

名称	機能
❶デザインファイルを新規作成	クリックするとデザイン**ファイル**を作成できる。
❷FigJamファイルを新規作成	クリックするとFigJam**ファイル**を作成できる。
❸ファイルをインポート	クリックするとローカルファイルをインポートできる。インポート可能なファイル形式は次のとおり。 ・Sketchファイル (.sketch) ・Figmaファイル (.fig) ・画像ファイル (PNG, JPG, HEIC, GIF)

下部には**ファイル**一覧があります。表示されている**ファイル**をダブルクリックすると、その**ファイル**を開いて編集に入れます。

また、**ファイル**の上で右クリックをするとメニューが表示され、**新しいタブで開く**や**リンクのコピー**などさまざまなアクションが選択できます。

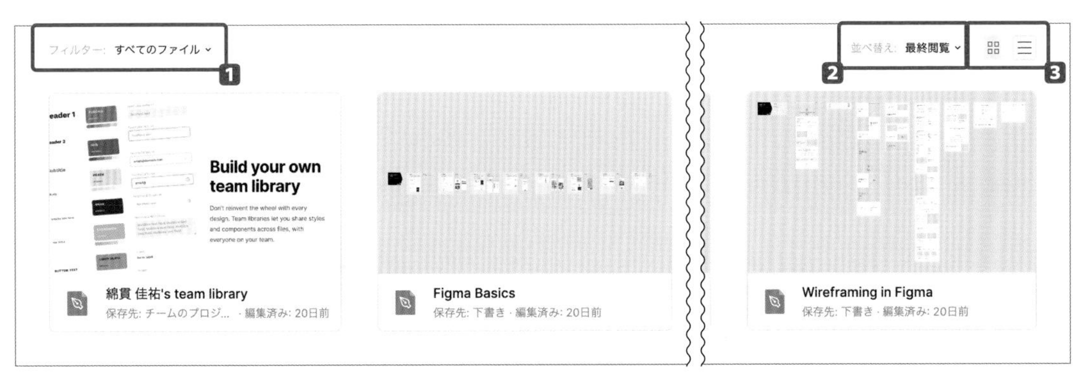

図1.16　メインボディ下部 ファイル一覧エリア

表1.4 ファイル一覧の表示切り替え

名称	機能
1フィルター	すべてのファイル・デザインファイル・FigJamファイル・プロトタイプと、表示するファイルの種類を選べる。
2並べ替え	並べ替え基準と、昇順か降順が選べる。
3表示形式	グリッド表示とリスト表示を切り替えられる。

column

他のツールからFigmaへ移行する

他のデザインツールからデータを簡単に移行する方法について解説します。

もし、現在Sketchを使っているのであれば、移行は非常に簡単です。図1.15の**ファイルをインポート**をクリックし、インポートしたいSketchファイルを選ぶだけでFigmaファイルに変換できます。

一方、Adobe XDやPhotoshopなどのツールを使用しているときは手間がかかります。

例えば、Adobe XDの場合はSketchへの変換ツールがあります[a]。変換したうえで、SketchファイルとしてFigmaにインポートすることが推奨されているようです。

余談ですが、著者はFigma導入時に既存ファイルをインポートせず、Figma上で一からデータを作り直しました。既存ファイルがそこまで整理されていなかったことと、Figmaの機能を活かせば素早く制作できるためです。これも手段の1つです。

【a】https://avocode.com/convert-xd-to-sketch

1

4 Figmaのプラン

プランごとの機能と料金のちがい

先ほど選択した**スターター**含め、Figmaには次の4つのプランがあります。

- **スターター**
- **プロフェッショナル**
- **ビジネス**
- **エンタープライズ**

それぞれのプランごとのちがいを解説します。

スターター

無料で使えるプランです。
基本的なツールはすべて使用可能です。もちろん、Figmaの特徴である**スタイル**[1]や**コンポーネント**[2]も使えます。
次のような方に向いているプランです。

- **新しいデザインツールを試したい**
- **業務で本格的に導入する前に、試しに使ってみたい**
- **これからデザインの勉強をしたい**

主な制限は次の2点です。

- **作成できるファイルは3つまで**
- **1つのファイル内に作成できるページは3つまで**

もし慣れてきてプランをアップグレードしたくなったときは、画面左側の**プランを表示**、もしくはチーム設定の**プランと請求**からアップグレードしてください(図1.17)。

memo

【1】 コピー&ペーストに頼らずに同じ色やフォントの設定を使い回すための機能です。詳しくは「3.5 スタイルの作成」で解説します。

【2】 コピー&ペーストに頼らずに同じパーツ(ヘッダーやフッター、ボタンなど)を使い回すための機能です。詳しくは「3.5 色や文字の設定を管理するスタイルの作成」で解説します。

図1.17　プランのアップグレード

プロフェッショナル

スタータープランの内容に、コラボレーションのための機能やセキュリティ向上の仕組みが加わったプランです。

プロジェクトや**ファイル**の作成数の制限がなくなるため、業務で使うならこのプラン以上をおすすめします。**チームライブラリ**【3】が使用できるようになり、効率が上がります。

また、データをクライアントに共有するときにパスワードをかけられるなど、セキュリティを強化できます。

大抵の現場ではプロフェッショナルプランを契約しておけばまちがいないと思いますが、あえて向いている条件を挙げるなら、次のようになります。

- **多くのプロジェクトが稼働していて、1度に3つ以上のデータを扱いたい**
- **ファイルをまたいでスタイルやコンポーネントを使い回したい**
- **会社・組織のルールとして強固なセキュリティは必要ない**

なお、ビジネスプランやエンタープライズプランへのアップグレードはユーザーだけでは行えず、Figmaの営業担当へ問い合わせる必要があります。

memo

【3】 通常は1つのファイルの中でしか**スタイル**や**コンポーネント**を使えませんが、**チームライブラリ**を使うと、複数の**ファイル**をまたいで**スタイル**や**コンポーネント**を使えます。詳しくは「3.11 スタイルやコンポーネントをまとめて管理するチームライブラリ」で解説します。

ビジネス

プロフェッショナルプランの内容に、さらなるセキュリティやアカウント管理の機能が追加されたプランです。組織を管理するうえで必要な機能が追加されています。
アクセス制限など情報システム部門から求められるような内容であるため、制作者の観点としては目新しい機能はほとんどありません。
ただ、そんな中でも**ブランチ**が使えるのはビジネス以上のプランだけです。Gitを用いて開発した経験のある方には馴染み深い概念でしょう[4]。1つのファイルから複数のパターンのデータを作成し、最終的に統合できる機能です。
逆に「Gitって何？ ブランチって何？」と思われた方で、かつ所属組織のセキュリティ要件が厳しくない場合、あえて**ビジネス**プランを契約する必要はないでしょう。
このプランを選ぶかどうかの判断に、デザイナーの数や制作のスタイルはあまり関係ありません。「会社の規模がある程度大きい場合に使用するプラン」と認識しておいてください。あくまで目安ですが、数百人以上の規模の会社であればメリットがあると思います。

エンタープライズ

ビジネスプランからさらにセキュリティや管理のための機能が強化されたプランです。
ビジネスプランよりもさらに強固なセキュリティやアカウント管理を求められるときに必要となります。
在籍している会社のソフトウェア導入要件合わせて、導入を検討してください。

memo

【4】 ただし、Gitのブランチと違い、複雑な操作はできません。本書では解説しませんが、興味のある方は公式のヘルプをご覧ください。
https://www.figma.com/ja/best-practices/branching-in-figma/

ブラウザ版とアプリ版のちがい

Figmaにはデスクトップアプリ版もあります。
本書ではブラウザ版を基準に解説しますが、両者にはほとんど差がありません。そのため、実際に利用するときは好きなほうを選んでください。
数少ないちがいとして、ブラウザ版ではコンピューター上にあるローカルフォント【1】を使うために、フォントインストーラーが必要です。
アプリ、フォントインストーラーともに https://www.figma.com/downloads/ から入手できます。WindowsとmacOSの両方に対応しています。

memo

【1】 FigmaはデフォルトでGoogle Fontsにあるフォントを使用できます。Google Fontsとは、Googleが提供しているWebフォントで、無料で使えるさまざまな種類のフォントが揃っています。そのためローカルフォントを使う必要がない場合もあります。

チームに導入するまでのコミュニケーション

スムーズにFigmaを導入するために役立つコミュニケーションを紹介します。
ツールの新規導入や乗り換えは大変ですが、解説を参考にチームを説得しましょう。

PhotoshopやIllustratorを使っているデザイナーに向けた説明

現状PhotoshopやIllustratorでUIを制作しているデザイナーにとって、Figmaは未知な部分が多いです。
まずは、Adobe製品と基本ツールや操作は大きく変わらないことを説明しましょう。

- **長方形ツール・楕円ツール・ペンツールなどは一通り揃っている**
- **カーニングやトラッキングの設定も可能**
- **よく使う機能に絞られているため、ツールを覚えるのが楽**

これらを踏まえ、今までで苦労していたことが簡単に解消できることを伝えていきましょう。

複数の要素を矢印キーだけで並び変えられて、要素間の余白も一括で変更できる（オートレイアウト[1]）

▶ PhotoshopやIllustratorでは
すべての要素を手作業で調整しなければならない

memo

【1】 詳しくは「3.3 ログイン画面を作成する」で解説します。

色やテキスト、グリッドなどを登録できて使い回せる（スタイル）

色の登録だけならAdobe製品でも可能だが、テキストやグリッドは管理できない

同じ要素をコピー&ペーストせずに使い回せる（コンポーネント）

Adobeにも、クラウド上で素材を管理できるCCライブラリは存在するが、細かな変更や更新がしづらい

複数のファイルをまたいでスタイルやコンポーネントを使い回せる（チームライブラリ）

CCライブラリでも似たようなことはできるが、管理が難しい

非デザイナーでもデザインデータの詳細を閲覧可能（インスペクト[2]）

PhotoshopやIllustratorでは色やサイズの注釈を入れる必要があり、手間がかかる

デザイナーに頼まなくても画像の書き出しができる（エクスポート[3]）

PhotoshopやIllustratorはデザイナーでないと画像の書き出しができない

memo

【2】 詳しくは「5.3 インスペクト」で解説します。

【3】 詳しくは「5.5 エクスポート」で解説します。

Adobe XDやSketchを使っているデザイナーに向けた説明

Adobe XDやSketchもインターフェース制作に特化しているツールです。
そのため、具体的なFigmaのメリットを説明する必要があります。

コラボレーションがスムーズ

- Figmaの核となるのはやはりコラボレーション
- 同時に複数人が同じファイルを編集したとき、編集内容が失われたり、更新できない心配がない

プロトタイピングやバージョン管理が1つのツールでできる

- バージョン管理ツールのAbstractなど、他のツールを使う必要がない

コンポーネントが多機能

- コンポーネントのバリエーションを管理する仕組み(バリアント[4])など、他のツールにはない利点が多い

コミュニティが活発

- 豊富なプラグインやウィジェット[5]
- アイコン・イラスト・コンポーネントライブラリなど、複製して使えるファイルがたくさん存在する

Adobe XDやSketchと同じ機能でも、ひとつひとつを細かく見ていくと、Figmaのよさがわかります。
こういったちがいをデザイナーに伝えましょう。

memo

【4】 詳しくは「3.6 コンポーネントの作成」で解説します。

【5】 機能拡張のための手段で、Figmaの標準機能以上の編集ができたり、手作業では面倒な内容を簡略化できます。詳しくは「6.3 Figma コミュニティ」で解説します。

ディレクターやプロダクトオーナーなど、ビジネス職に向けた説明

デザイナー相手であれば、具体的なFigmaの使い方を説明すると、メリットが伝わりやすいと思います。
しかし、ツール導入の予算を管理しているのがディレクターやプロダクトオーナーなど、ビジネス職の場合もあります。
ディレクターやプロダクトオーナーには、デザインの進行管理がしやすくなる点について説明しましょう。

最新版のデータにいつでもアクセスできる

- 今の作業がどこまで進んでいるかを
デザイナーに尋ねなくても、ブラウザ1つで確認できる

実物に近い動きでチェックができる

- プロトタイプ機能により、どこをクリックすると
どのページに遷移するかなどの確認が可能[6]
- メニューの開閉や確認メッセージの出現なども含め、
実際の使用感を想像しやすい

フィードバックがしやすい

- コメント機能により、スプレッドシートなどで管理するよりも視覚的に、どこをどう変えたいかが伝えられる[7]
- プロトタイプ上にもコメントができるので、
細かな動作に対する要望も伝えやすい

クライアントや上司への共有がしやすい

- URLだけで現在の進捗を共有できるので
手軽に共有できる
- コメント機能によりページやUI上で
直接フィードバックをもらえる

memo

【6】 詳しくは「4.1 基本的な機能」で解説します。

【7】 詳しくは「3.10 デザインコラボレーションのための機能」で解説します。

ワイヤーフレーム作成をディレクターやプロダクトオーナーがFigma上で行うと、ツールの切り替えがいらずスムーズに進む

- PowerPointなどのツールで作ったワイヤーフレームをあとからデザインツールで清書するより格段に早い[8]
- 作ったワイヤーフレームもブラウザからアクセスできて常に最新版となるため、データ管理の複雑さから逃れられる

おそらく今までの制作の仕方とは大きく変わるため、最初は共感を得るのが難しいかもしれません。
ただ、スタータープランであっても閲覧者の招待は無料なので、まずはそこでFigmaのよさを体感してもらいましょう。
実際に使ってもらえさえすれば、便利さやコミュニケーションのしやすさを実感するのに時間はかかりません。

エンジニアに向けた説明

WebデザインやUIデザインは、実装して動くようになって初めてユーザーが使えます。そのため、デザイナーとエンジニアの連携は必須です。
Figmaを新しく導入するとき、エンジニアにも機能や特徴を共有したうえで進めましょう。
前項までの説明と少し毛色が異なりますが、次の項目を共有・相談すると話がしやすいです。

インスペクト[9]の使い方

- 現状Adobe XDやSketchを使っているチームであれば、特にちがいはない
- PhotoshopやIllustratorを使っているチームの場合、マウスオーバーだけで距離が測れたり、要素の詳細な色やサイズがわかるのは大きな変化

memo

【8】 詳しくは「6.1 具体的なUIを作る前のコラボレーション」で解説します。

【9】 詳しくは「5.3 インスペクト」で解説します。

コードとしてのスタイルの取り扱いについて

- Figma上で種類や命名を整えたスタイルであっても、それがコードと分離していたらメリットが半減
- コードとしてはどのファイルにまとめるのか、Sassでいうmixinのようなものを作るのか、などをしっかり決められるとあとあと楽になる

ReactやVueを使っているチームの場合、Figmaのコンポーネントとコードのコンポーネントはどのような対応にするか

- デザイナーとしての視点とエンジニアとしての視点はほぼまちがいなく異なる
- あらかじめ、どういう単位でコンポーネントを作るかや、命名規則をどうするかの相談をしないと対応関係が破綻する

試しに小さく導入する段階であっても、エンジニアとのコミュニケーションなしで進めると手戻りが発生しがちです。お互いにとってデメリットが大きいため、こまめに共有しながら本導入へ向かうとよいでしょう。

memo

Hint

エンジニアともしっかりコミュニケーションをとりましょう

chapter
2

Figmaの基本操作

Figmaは
UIデザインを主軸とした
ツールですが、
基本的な操作を覚えるためには
静的なビジュアルデザインが
ぴったりです。
このチャプターでは架空の
プレゼンテーション資料を
作成します。

画面の説明

実際にデータを編集する前に、簡単に画面の解説をします。
ファイルを新規作成、または既存の**ファイル**を開くと、図2.1の画面に移ります。

図2.1は実際にデータを触る画面で、**chapter 1**で解説したのは**ファイル**を一覧する画面（**ファイルブラウザ**）です。

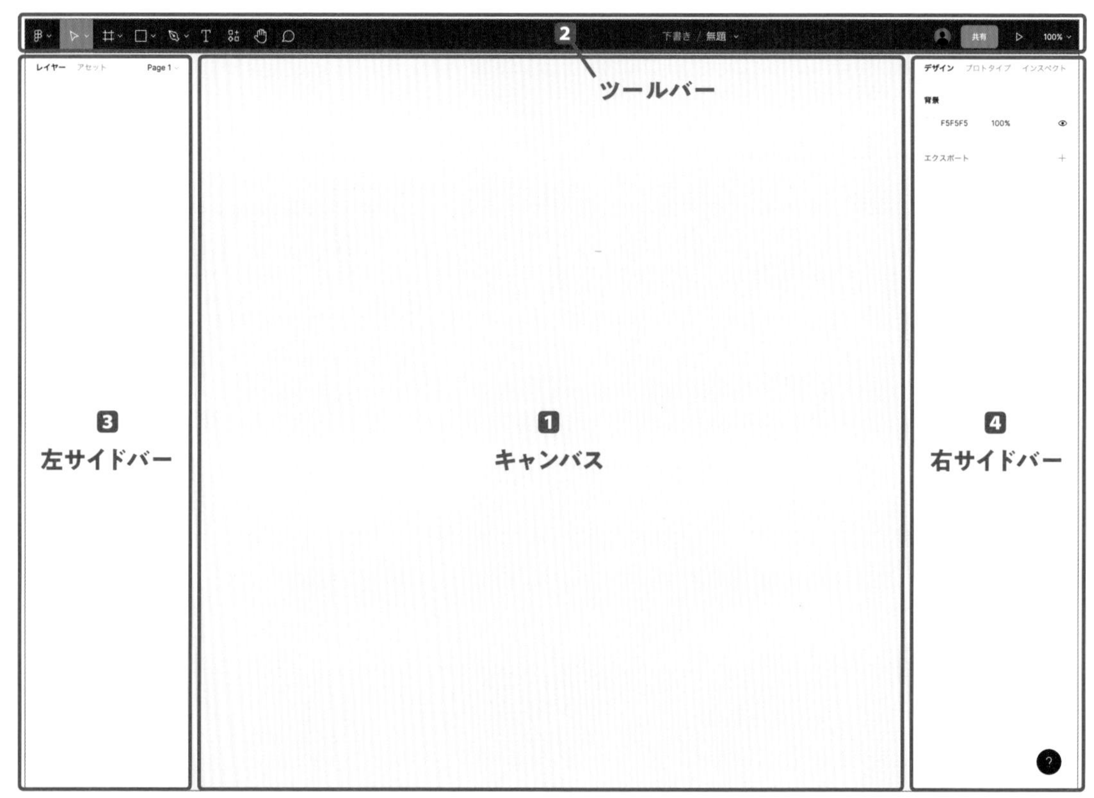

図2.1　ファイル画面のインターフェース

表2.1　ファイル画面のインターフェース

名称	機能
1 キャンバス	オブジェクトを配置できる。このエリアでデザインを制作する。
2 ツールバー	制作における基本的なツールの選択・共有設定・表示設定などができる。
3 左サイドバー	**レイヤー**パネル・**アセット**パネルを表示する。
4 右サイドバー	**デザイン**パネル・**プロトタイプ**パネル・**インスペクト**パネルを表示する。

キャンバス

図形や文章、**フレーム**など、すべてのオブジェクトの背景となる空間です[1]。Figmaをライトテーマとダークテーマ、どちらで使っているかでデフォルトの背景色が変わります。背景色は右サイドバーの**背景**セクションから変えられます。

図2.2　キャンバスの領域

同じ**ファイル**に他のユーザーもアクセスしている場合、**マルチプレイヤーカーソル**として表示されます。カーソルの下にユーザー名が表示され、そのユーザーがオブジェクトを選択している場合はカーソルの色と同じ色でハイライトされます。

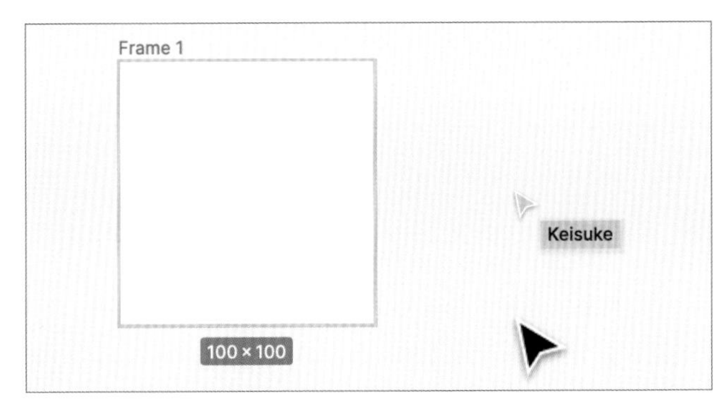

図2.3　マルチプレイヤーカーソル

マルチプレイヤーカーソルの表示／非表示は、ツールバーの**メニュー**から**表示 > マルチプレイヤーカーソル**で変更できます。

memo

【1】 キャンバスはかなりの大きさがありますが、無限ではありません。-65,000pxから+65,000pxの範囲です。

ツールバー

画面上部に位置するのがツールバーです。さまざまなツールや機能にここからアクセスできます【2】。

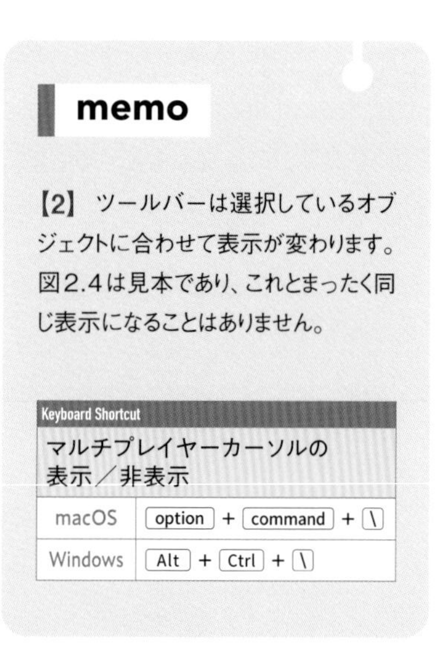

memo

【2】 ツールバーは選択しているオブジェクトに合わせて表示が変わります。図2.4は見本であり、これとまったく同じ表示になることはありません。

Keyboard Shortcut

マルチプレイヤーカーソルの表示／非表示	
macOS	option + command + \
Windows	Alt + Ctrl + \

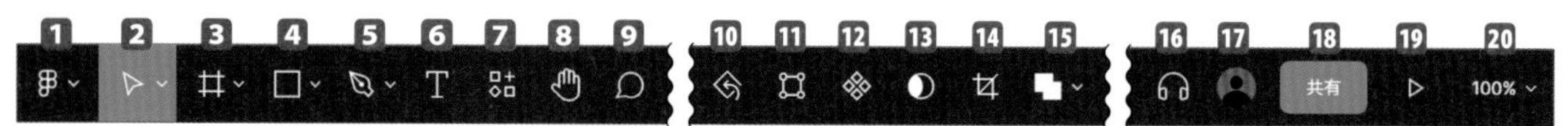

図2.4　ツールバー

表2.2　ツールバーの機能

名称	機能
1 メニュー	全般的なメニューが格納されている。
2 移動ツール	オブジェクトを選択したり、拡大縮小したりするツール。
3 リージョンツール	オブジェクトをグルーピングしたり、インターフェースの外枠を作ったりするツール。
4 シェイプツール	長方形や円など、基本的な図形を描画するツール。
5 描画ツール	ベクターパスを描画するツール。
6 テキスト	テキストを入力するツール。
7 リソース	コンポーネント・プラグイン・ウィジェットを検索したり配置したりするツール。
8 手のひらツール	キャンバス内の表示領域を移動するツール。
9 コメントの追加	コメントを追加するツール。
10 すべての変更をリセット	インスタンスのオーバーライドをリセットするツール。
11 オブジェクトの編集	ベクターパスとして編集するモードに入るツール。
12 コンポーネントの作成	メインコンポーネントを作成するツール。
13 マスクとして使用	オブジェクトを特定の形状にくり抜くツール。
14 画像のトリミング	画像をトリミングするモードに入るツール。
15 選択範囲の結合	複数のオブジェクトを結合したり、型抜きしたりするツール。
16 会話を開始	コラボレーターと音声会話をするツール。
17 アバター	コラボレーターのアバターが一覧で表示される。
18 共有	ファイルの共有を実行できる。
19 プレゼンテーションを実行	プロトタイプを再生できる。
20 ズーム／表示オプション	キャンバスのズーム率や、定規・グリッドの表示／非表示を制御できる。

左サイドバー

画面左側にあるサイドバー[3]からは、**レイヤー**、**アセット**へのアクセスが可能です。

図2.5　左サイドバー

サイドバーの上部には**レイヤー**と**アセット**があり、パネルを切り替えることでそれぞれの機能を使用できます。
キャンバスに配置されているすべてのオブジェクトは**レイヤー**として扱われ、重なり順を変更できます。
アセットとは**ファイル**内にある**コンポーネント**や、**ライブラリ**に登録された**スタイル**や**コンポーネント**のことです。

図2.6　左サイドバーの上部

memo

【3】

Keyboard Shortcut	
左サイドバーの表示／非表示	
macOS	command + shift + \
Windows	Ctrl + Shift + \

macOSでは shift 、Windowsでは Shift と表記が違うため、本書では記載を分けています。

Keyboard Shortcut	
レイヤーパネル	
macOS	option + 1
Windows	Alt + 1
アセットパネル	
macOS	option + 2
Windows	Alt + 2

レイヤーと**アセット**の右側にあるメニューをクリックすると**ページ**一覧の表示／非表示が切り替わります【4】。

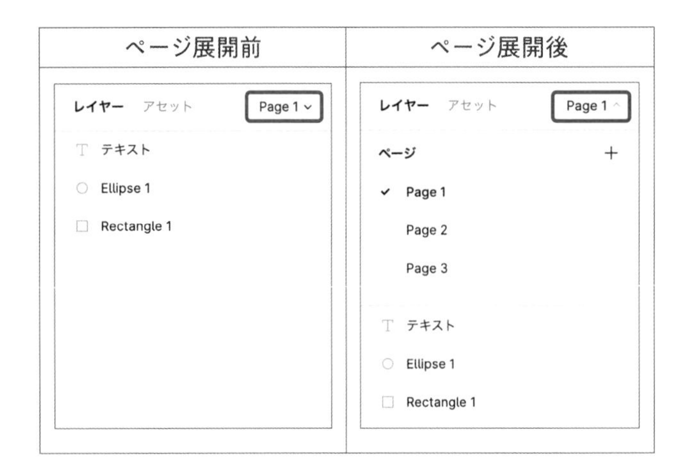

レイヤーパネルのアイコンはそれぞ表2.3のとおりの名前と役割を持っています。

アセットパネルは**chapter 2**では使用しないため、「3.6 UIパーツを再利用するコンポーネントの作成」で解説します。

まずは、**レイヤー**パネルの見方を覚えてください。

memo

【4】ここでは見本としてPage1、Page2、Page3という名前のページを用意していますが、名前は自由に変えることができます。詳しくは「2.3 ファイル内に新規ページを作成する」で解説します。

表2.3　レイヤーパネルのアイコンの名前と役割

アイコン	名前	役割
⌗	フレーム	画面の外枠やフレームによってグルーピングされたオブジェクトなど。
⬚	グループ	グルーピングされたオブジェクト。
❖	コンポーネント	繰り返し使うために登録されたオブジェクト。メインコンポーネントという大元のデータを表す。
◇	インスタンス	メインコンポーネントから複製されたオブジェクト。
T	テキスト	文字列のオブジェクト。
□	シェイプ	長方形・直線・楕円・多角形・星形のオブジェクト。
	画像	JPGやPNGなどの画像オブジェクト。
▶	アニメーションGIF	アニメーションの設定されたGIF。静止画とは区別される。
	ベクター	シェイプ以外のベクターオブジェクト。自作したイラストなどが該当する。

右サイドバー

画面右側にあるサイドバーからは**デザイン・プロトタイプ・インスペクト**の３つのパネルへアクセスできます。

図2.7　右サイドバー

デザインパネルにはオブジェクトの幅や高さ・色など各種情報が表示されていて、必要に応じてプロパティを追加や削除ができます。
プロトタイプパネルではアニメーションの仕方など、**プレゼンテーションを実行**したときの設定が可能です【5】。
インスペクトパネルでは、Figmaで作成したデータをCSS・Swift・XMLといったコードとして確認できます。

デザイン　プロトタイプ　インスペクト
背景
F5F5F5　100%
エクスポート　+

図2.8　右サイドバーの上部

memo

【5】 プレゼンテーションを実行すると、画面遷移やアニメーションなどを操作して確かめるモードに移ります。詳しくは「4.1 基本的な機能」で解説します。

Keyboard Shortcut

デザインパネル	
macOS	option + 8
Windows	Alt + 8
プロトタイプパネル	
macOS	option + 9
Windows	Alt + 9
インスペクトパネル	
macOS	option + 0
Windows	Alt + 0

右サイドバー下部にある❓をクリックするとヘルプ関連のメニューが出現します【6】。キーボードショートカットもここから見ることができるので、覚えておきましょう。

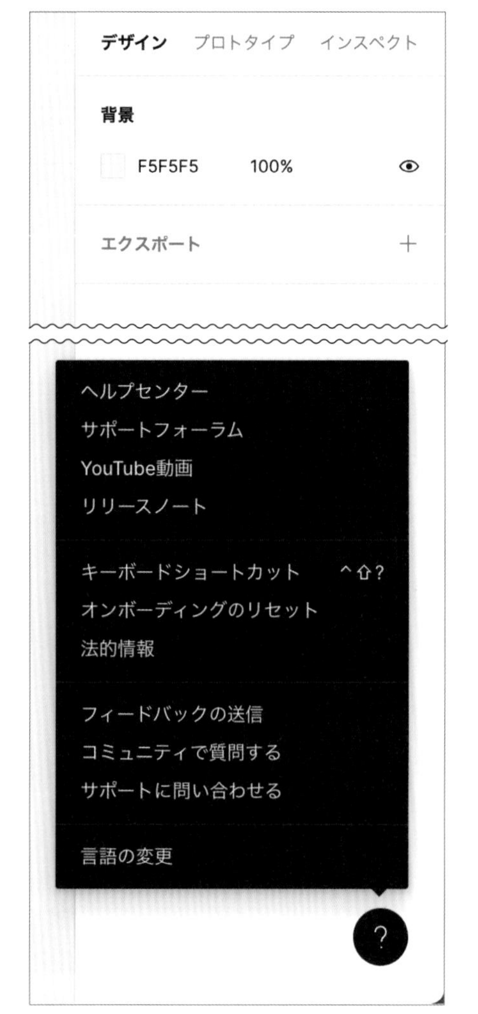

図2.9　ヘルプ関連のメニュー

選択しているオブジェクトによって表示が変わるため、右サイドバーの詳細はここでは触れません。chapter 2からchapter 5にかけて徐々に解説します。

memo

【6】本書に書いていない機能や、使っていて分からない機能があれば［コミュニティで質問する］から質問してみましょう。コミュニティの大きさや活発さもFigmaの魅力の1つです。

見本ファイルを複製する

いよいよ実際にデータを編集します。

見本のデータを用意しているので、それを複製する方法を説明します。サポートサイトより見本の**ファイル**（[chapter2 Figmaの基本操作]）へアクセスしてください。アクセスしたうえで、**ツールバーの∨**をクリックし**ドラフトに複製**をクリックしてください。

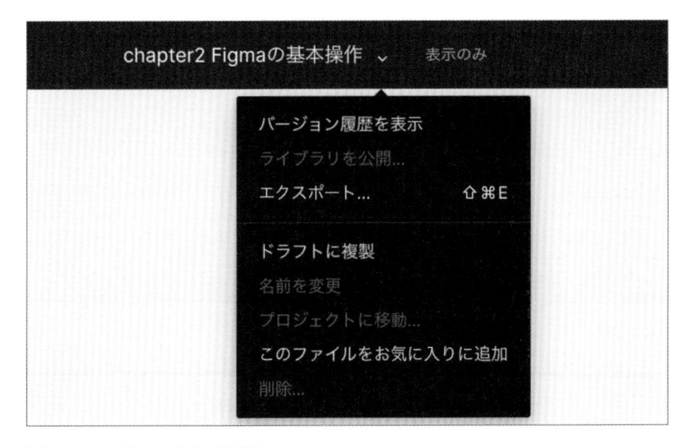

図2.10　ドラフトに複製

ウィンドウ下部に表示される**ファイルをドラフトに複製しました｜開く**というメッセージをクリックすると、自由に編集可能となった**ドラフトファイル**が開きます[1]。以降、こちらの**ファイル**を編集します。

ファイルがドラフトに複製されました　開く

図2.11　ドラフトへの複製が成功したときのメッセージ

なお、Figmaには自動保存機能がついているので自分で保存する必要はありません。うっかり保存し忘れて、数時間分の作業が水の泡……なんて心配はなく、安心して制作に集中できます。

memo

【1】 ツールバー上部に**編集を依頼**とありますが、こちらは「オリジナルのファイルの編集権限をリクエストする」機能です。見本データは全員に公開しているため、リクエストは受けられません。ご了承ください。

ファイル内に新規ページを作成する

新規**ページ**の作成方法を解説します。

Figmaは**ファイル**の中に**ページ**という単位があります。今回は、見本用と作業用で**ページ**を分けておきましょう。

見本のファイルを複製した直後は1つの**ページ**しかありません。左サイドバーの＋を押して新規**ページ**を作成しましょう。

図2.12　新規ページの作成準備

これで新たに**ページ**が作られました。デフォルトだと[Page 2]という名前になっているので、[作業用]とリネームしておきましょう。**ページ**を作成した直後であれば、名前にカーソルが当たって編集可能になっています。

もし、ちがう場所をクリックして編集モードを抜けてしまっても、**ページ**の名前をダブルクリックすれば再度編集モードになります。

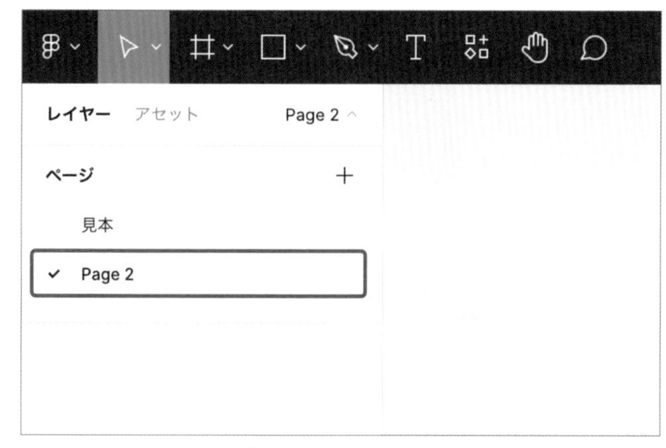

図2.13　新規ページの作成

このように、適宜**ページ**を増やして作業すると、データの整理をしやすいです。

また、**ページ**の名前をクリックすると、**ページ**を切り替えることができます。今回でいえば、[見本]と[作業用]を行ったり来たりしながら作ることになります。

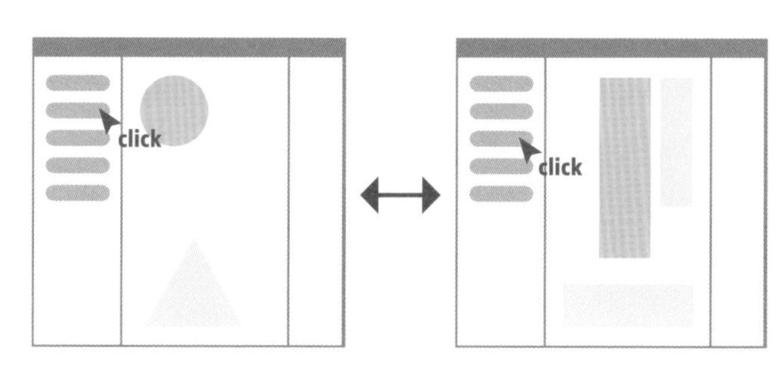

図2.14　ページの切り替えイメージ

1ページ目

枠の作成・画面の操作・オブジェクトの複製や
整列・レイアウトグリッドについて

ここからは1ページずつ見本を参考に制作していきます【1】。

1ページ目は下記のツール、機能を使っていきます。ひとつひとつ見ていきましょう。

- **フレームツール**
- **移動ツール**
- **手のひらツール**
- **テキストツール**
- **オブジェクトの複製**
- **オブジェクトの整列**
- **レイアウトグリッド**

memo

【1】 なお、「1ページ目」、「2ページ目」と表記している部分はプレゼンテーション資料のページであり、Figmaの機能としての**ページ**ではありません。

まずは、表紙のページから取りかかりましょう。

Figpublication

株式会社Figpublication
会社紹介資料

© 2022 Figpublication Inc.

図2.15　1ページ目の完成形

枠を作成する

資料のページごとの枠を作ります。ツールバーの#をクリックし、**フレーム**ツールを選択します。

図2.16　ツールバーのフレームツール

フレームには多くの使用方法がありますが、今は「ページの外枠を作る」と認識しておけば大丈夫です[2]。
フレームツールを選択すると、画面右側にさまざまなサイズのプリセットが提示されます。ここでは一般的なスライドのサイズである1920px * 1080pxを選択しましょう。**プレゼンテーション > スライド16:9**をクリックします。

フレーム
スマホ
タブレット
デスクトップ
プレゼンテーション
スライド16:9　1920×1080
スライド4:3　1024×768
ウォッチ
用紙
ソーシャルメディア
Figmaコミュニティ
アーカイブ

図2.17　右サイドバーのフレーム一覧

すると、キャンバス内に真っ白な**フレーム**が描画されました。
こうして作成された**フレーム**は**最上位フレーム**といい、左サイドバーの**レイヤー**パネル上に太字で表示されます。

memo

【2】 フレームには、オブジェクトのグルーピングや制約、オートレイアウトの適用などさまざまな役割があります。これらの詳細な使い方は、https://famous-strudel-dbff72.netlify.app/で紹介しています。

Keyboard Shortcut

フレームツール	
macOS	F
Windows	F

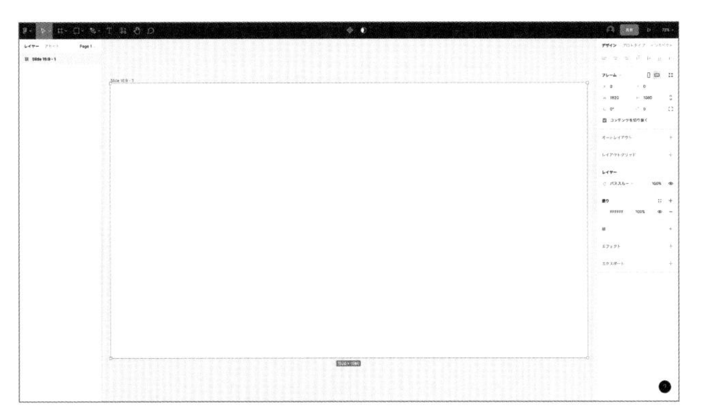

図2.18　最初のフレームを作成

右サイドバーを見ると、**W 1920**と**H 1080**と表示されています。**W**は幅で**H**が高さを表すため、目当てのサイズの**フレーム**が作成できたことがわかります。

フレーム
X 0　Y 0
W 1920　H 1080
0°　0
コンテンツを切り抜く

図2.19　右サイドバーの整列、回転、位置のセクション

このセクションは、選択したオブジェクトによって表示される項目が変わります。
しかし、次の5つの表示はオブジェクトの種類に関わらず常に表示されているため、覚えておいてください【3】。

表2.4　右サイドバーの表示

名称	機能
X	キャンバス内の水平方向の座標
Y	キャンバス内の垂直方向の座標
W	オブジェクトの幅
H	オブジェクトの高さ
⊾	回転角

memo

【3】 座標やサイズを本文中に示すときもありますが、できれば練習のためにも見本のオブジェクトをクリックして確かめ、参考にしてください。

さて、**フレーム**が作成できた段階で、先ほど選択した**フレーム**ツールがちがうツールに変わっているのを確認してください。

図2.20　ツールバーの移動ツール

これは**移動**ツールといって、オブジェクトを選択したり、移動させたりするときに使うツールです。解説の都合上、先に**フレーム**ツールから紹介しましたが、**移動**ツールが最も基本となるツールです。
1つのオブジェクトを選択したいときは、対象をクリックします。
複数のオブジェクトを選択したいときは、オブジェクトをまたがるようにドラッグするか、macOSであれば shift 、Windowsであれば Shift を押しながらクリックします【4】。

表2.5　オブジェクトを選択したときの表示

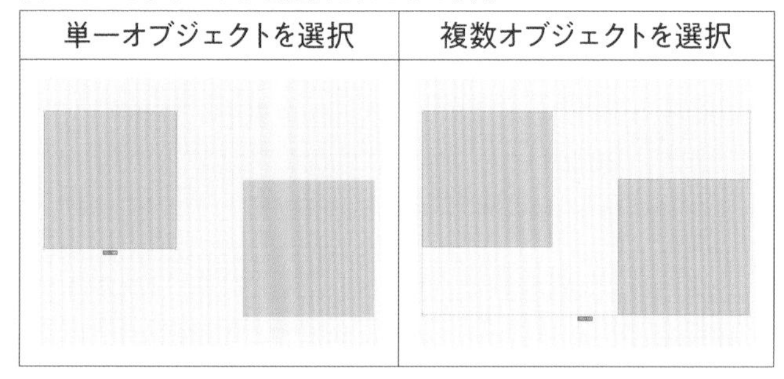

単一オブジェクトを選択	複数オブジェクトを選択

オブジェクトを選択した状態でドラッグをすると、キャンバス内の好きな位置にオブジェクトを移動できます。

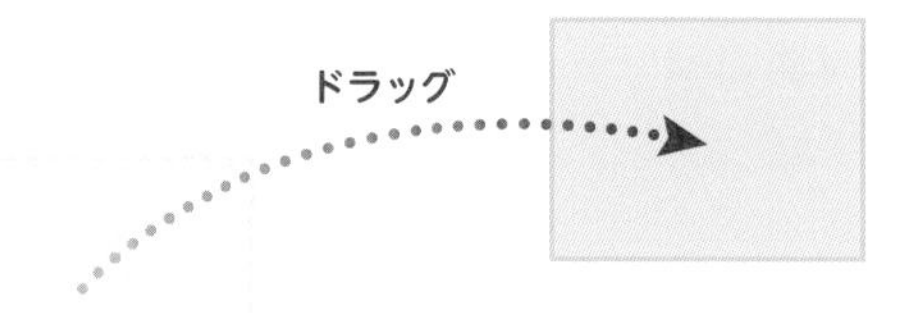

図2.21　ドラッグしてオブジェクトを移動させるイメージ

memo

【4】ドラッグして選択する場合、オブジェクトの端までドラッグする必要はありません。マウスカーソルの一部が触れていれば選択されます。

Keyboard Shortcut

移動ツール	
macOS	V
Windows	V

画面を移動・拡大縮小する

フレームを作った直後であれば、画面いっぱいに「Slide 16:9 - 1」という名前の**フレーム**が表示されているでしょう。
今後はよりたくさんの**フレーム**を作りますので、移動や拡大縮小の仕方にも触れておきます。キャンバス内を移動するには、Spaceを押しながら、もしくは**手のひら**ツールを選択した状態でドラッグしてください【5】。トラックパッドがある場合は、2本指でスライドしても同様に移動可能です。

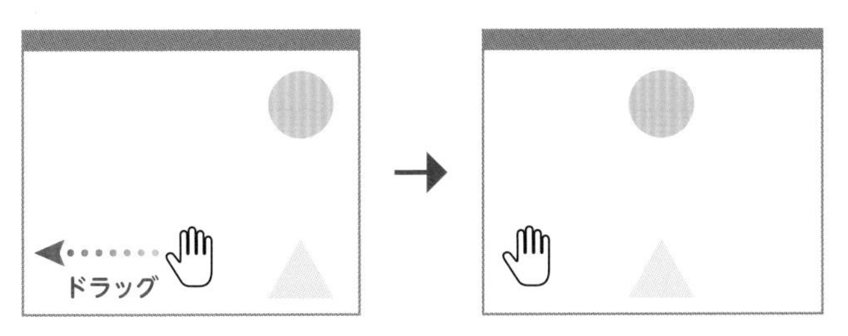

図2.22　キャンバス内をドラッグし、表示する領域を変えるイメージ

画面を拡大縮小する場合は、macOSであればcommand、Windowsであれば Ctrl を押しながらマウスホイールを転がします。トラックパッドがある場合は、2本指でピンチしても同様に拡大縮小が可能です。

memo

【5】 ツール紹介の一環で手のひらツールを紹介していますが、実際の操作では切り替えの手間を省くためにSpaceキーを使うことが多いです。

Keyboard Shortcut

手のひらツール	
macOS	H
Windows	H

column

アートボードはどこ？

Adobe XDやSketchなど、他のデザインツールを触った経験のある方なら「アートボードはどこ？」と疑問に思うことでしょう。
実は、Figmaにはアートボードが存在していません。アートボード・オブジェクトのグループ化「3.3 ログイン画面を作成する」で出てくる**オートレイアウト**など、すべては**フレーム**の役割です。

もし他のデザインツールを使ったことがあれば、先ほど紹介した**最上位フレーム**がアートボードの代わりだと思ってもらえばわかりやすいでしょう。
慣れないうちは戸惑うかもしれませんが、使っているうちに**フレーム**の柔軟さの虜になると思います。

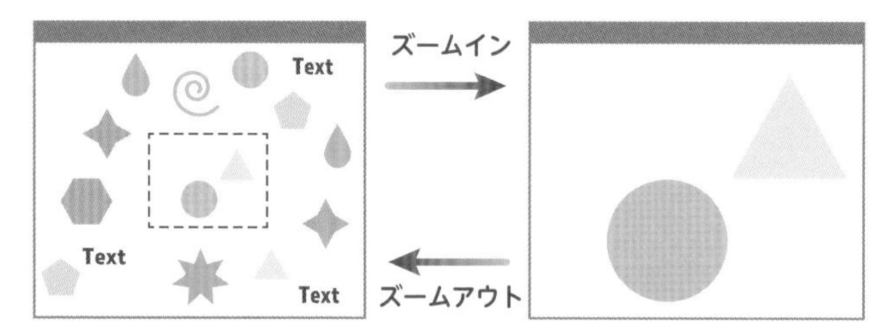

図2.23　キャンバスの拡大率を変更するイメージ

その他にも、拡大縮小関連のショートカットキーがあります。ぜひ覚えておきましょう[6]。

タイトルとコピーライトを作成する

タイトルのテキストを作成します。

ツールバーの T をクリックし**テキスト**ツールを選択します。先ほど作成した**フレーム**内の適当な箇所をクリックします。

図2.24　ツールバーのテキストツール

カーソルの形状が変わり、テキスト編集モードになりますので、[見本 - 1]**フレーム**のとおり[株式会社Figpublication 会社紹介資料]と入力します。改行はmacOSであれば return、Windowsであれば Enter を押します。テキスト入力が完了したら、Esc を押すか、キャンバス内の何もない場所をクリックすると、テキスト編集モードから抜けることができます。

株式会社Figpublication
会社紹介資料

図2.25　テキストを作成

memo

【6】 Figmaのキャンバスは非常に広いため、時折どこを表示しているのかわからなくなってしまうことがあります。そういったときに、これらのショートカットキーを使うと便利です。

Keyboard Shortcut

ズームイン	
macOS	command + +
Windows	Ctrl + +
ズームアウト	
macOS	command + −
Windows	Ctrl + −
100％ズーム	
macOS	command + 0
Windows	Ctrl + 0
自動ズーム調整	
macOS	shift + 1
Windows	Shift + 1
選択範囲に合わせてズーム	
macOS	shift + 2
Windows	Shift + 2

Keyboard Shortcut

テキストツール	
macOS	T
Windows	T

次に、今入力した**テキスト**を選択した状態で、右サイドバーの**テキスト**パネルからフォントの種類やサイズ、行間を設定します【7】。図2.26を参考しにして、数値を入力してください。

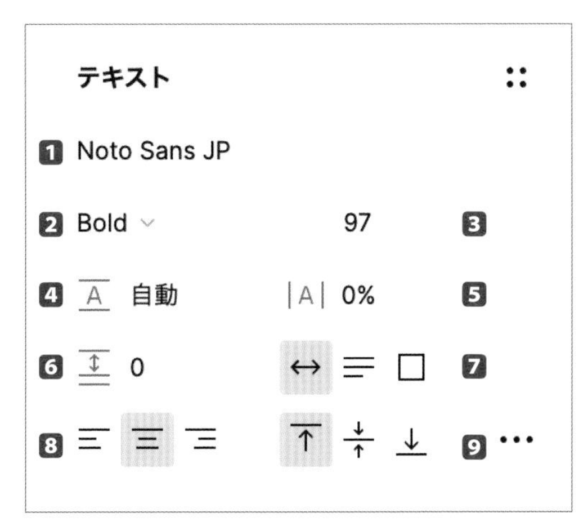

図2.26　タイトルのテキストの書式設定

表2.6　テキストの書式設定

名称	機能
1 フォントファミリー	フォントの種類を変更できる。
2 フォントウェイト	フォントの太さを変更できる。
3 フォントサイズ	フォントの大きさを変更できる。
4 行間	行間の距離を変更できる。数値指定と%指定がある。
5 文字間隔	水平方向のテキストの距離を変更できる。
6 段落間隔	段落同士の距離を変更できる。
7 サイズ変更	図2.26で解説したとおり、テキストの折り返し設定などが変更できる。
8 水平方向揃え	水平方向のテキストの揃え位置を左揃え・中央揃え・右揃えに変更できる。
9 垂直方向揃え	垂直方向のテキストの揃え位置を上揃え・中央揃え・下揃えに変更できる。

次に、コピーライトを作成します。

先ほどと同様に**テキスト**ツールを選び、[見本 - 1] **フレーム**のとおり「© 2022 Figpublication Inc.」と入力し、フォントの種類やサイズ、行間を設定します。

memo

【7】フォント選択のとき、表示されるフォント名は英語です。例えば、macOSに標準搭載されている「ヒラギノ角ゴシック」を使いたい場合は、「Hiragino Sans」を選択します。

図2.27　コピーライトのテキストの書式設定

こちらのテキストは色も変更しましょう。右サイドバーの**塗り**パネルから変更できるので、画像の中で囲った箇所をクリックします。

図2.28　コピーライトの塗りの設定準備

すると色を変更するウィンドウが開くので、[666666]【8】と入力し、macOSであれば return 、Windowsであれば Enter を押して決定します。

memo

【8】「666666」という数字は、色を表すコードです。カラーピッカーから色を選ぶこともあれば、今回のように直接数字を指定して色を選ぶこともあります。

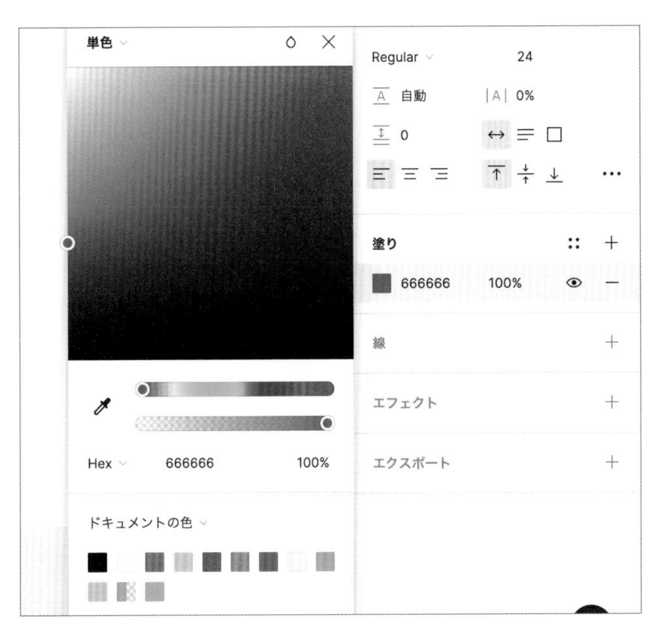

図2.29　コピーライトの塗りの設定

テキストに限らず、色を変更するときはこのウィンドウから設定します。

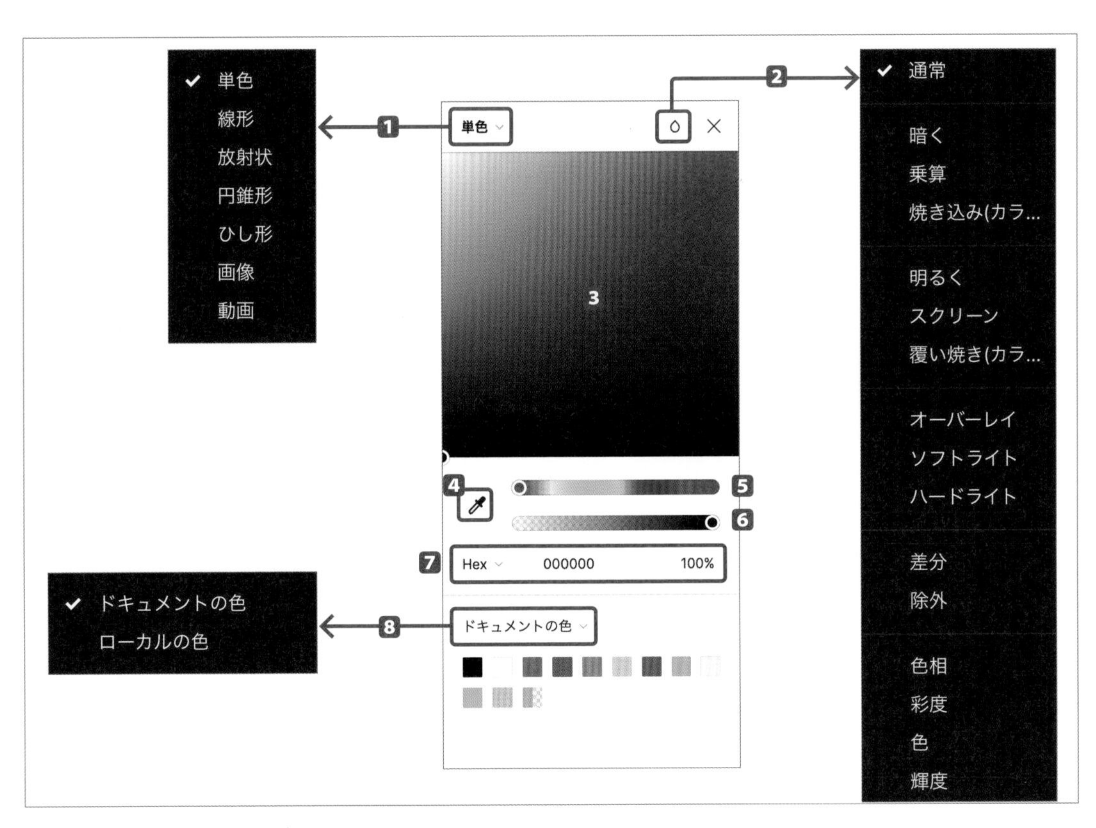

図2.30　カラーピッカーの解説

表2.7　色の設定

名称	機能
❶ 塗りの種類	単色・線形・放射状・円錐形・ひし形・画像の６種類から選べる。
❷ ブレンドモード	16種類のブレンドモードから選べる。
❸ カラーパレット	現在選択中の色が白い円として、同一色相の明度と彩度がちがうパレットの中に表示される。クリックまたはドラッグで選べる。
❹ スポイトツール	キャンバス内の画像かオブジェクトをクリックすると、その色を適用できる。
❺ 色相	左右にドラッグして色相を調整できる。
❻ 透明度	左右にドラッグして透明度を調整できる。
❼ 色彩表記	HEX、RGB、CSS、HSL、HSBの５種類から選べる。
❽ ドキュメントカラー	ファイル内で使われている色がパレットとして表示されている。ローカルスタイルやライブラリに登録された色も選択可能。

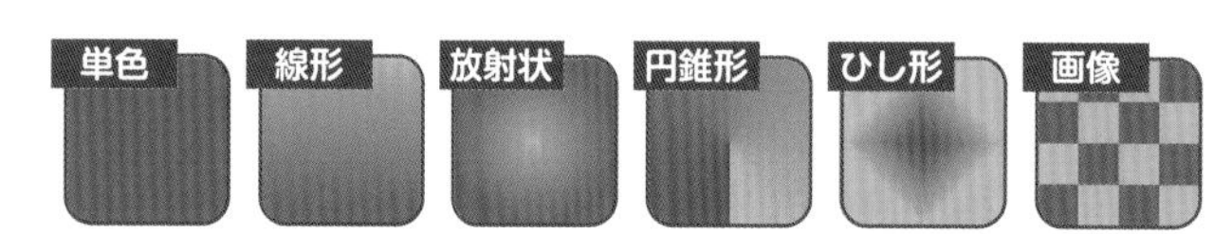

図2.31　塗りの種類の解説

現段階では、書式が設定された**テキスト**が２つ配置されていれば大丈夫です。

これ以降で具体的なレイアウトなどを実施します。

株式会社Figpublication
会社紹介資料

© 2022 Figpublication Inc.

図2.32　想定される途中経過

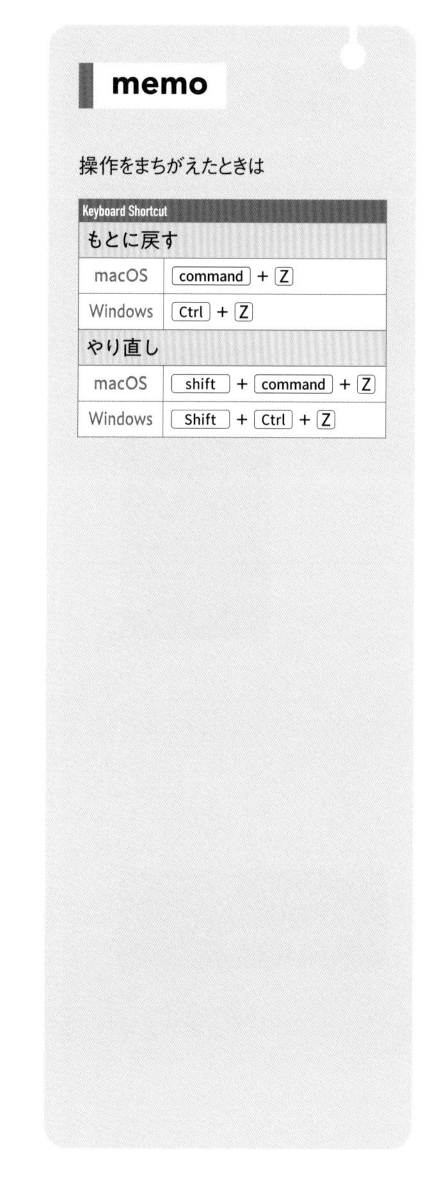

memo

操作をまちがえたときは

Keyboard Shortcut	
もとに戻す	
macOS	command + Z
Windows	Ctrl + Z
やり直し	
macOS	shift + command + Z
Windows	Shift + Ctrl + Z

ロゴを複製する

［見本］のページに移り、［見本 - 1］**フレーム**にあるロゴを複製します。

Figpublication

図2.33　ロゴ画像

まず、ロゴの上にマウスカーソルを合わせます。その状態で右クリックして、メニューから**コピー**をクリックします。「作業用」**ページ**に戻り［Slide 16:9 - 1］の**フレーム**を選択したうえで再び右クリックし、メニューから**ここに貼り付け**をクリックします【9】。

株式会社Figpublication
会社紹介資料
Figpublication
© 2022 Figpublication Inc.

図2.34　ロゴを複製した状態

オブジェクトを整列させる

まずは、タイトルのテキストを**移動**ツールで選択します（これ以降「○○を選択します」と記載したときは**移動**ツールに切り替えて対象のオブジェクトを選択してください）。

次に、このオブジェクトを**フレーム**の上下左右中央に配置します。右サイドバーのうち、図2.35で示すエリアからとをクリックし、画面中央に整列させます。

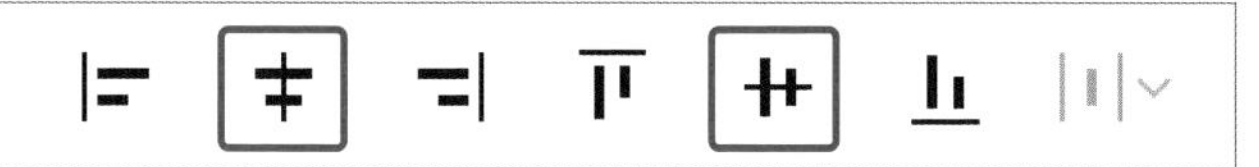

図2.35　サイドバーの整列セクション

memo

【9】 これ以外にもmacOSであれば option 、Windowsであれば Alt を押しながらドラッグするとオブジェクトが複製されます。

Keyboard Shortcut	
コピー	
macOS	command + C
Windows	Ctrl + C
貼り付け	
macOS	command + V
Windows	Ctrl + V

Keyboard Shortcut	
	左揃え
macOS	option + A
Windows	Alt + A
	水平方向の中央揃え
macOS	option + H
Windows	Alt + H
	右揃え
macOS	option + D
Windows	Alt + D
	上揃え
macOS	option + W
Windows	Alt + W
	垂直方向の中央揃え
macOS	option + V
Windows	Alt + V
	下揃え
macOS	option + S
Windows	Alt + S

今回はタイトルのテキストだけを選択しました。このように、オブジェクトを１つだけ選んだときは、親の**フレーム**を基準に位置が揃います。
複数のオブジェクトを選んだ場合は、複数のオブジェクトの中で上下左右・中央に揃います【10】。

Figpublication
株式会社Figpublication
会社紹介資料
© 2022 Figpublication Inc.

図2.36　タイトルを上下左右中央へ整列

タイトルは上下左右ともに**フレーム**の中央だったため簡単な整列ですみましたが、ロゴとコピーライトはそうはいきません。
そこで、**レイアウトグリッド**を有効にします。名前のとおり、オブジェクトをレイアウトしやすくするために引くグリッドです【11】。右サイドバーの**レイアウトグリッド**パネルの＋をクリックします。

図2.37　レイアウトグリッド追加の準備

memo

【10】 AdobeのIllustratorを使用したことがある方向けの説明ですが、「キーオブジェクトに整列」のような機能はFigmaにはありません。

【11】 Webやアプリのデザインをする場合、あらかじめグリッドを引いてからオブジェクトを配置することが多いです。

このように画面いっぱいにグリッドが引かれます。

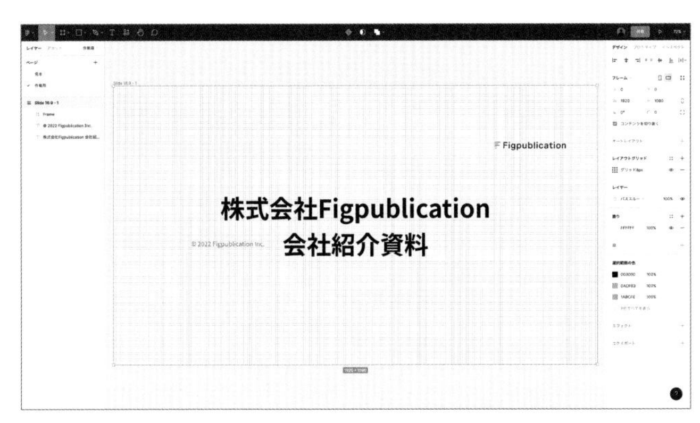

図2.38　デフォルトのレイアウトグリッドを適用した状態

今回はこのままの設定では使いません。グリッドのアイコンをクリックします。

図2.39　サイドバーのレイアウトグリッドセクション

その後、図2.40の値を設定します。

図2.40　レイアウトグリッドの列の設定

memo

Tips

FigmaのFileのURLは一意なのでProjectやTeamを移動させてもリンク切れにならない

https://qiita.com/xrxoxcxox/items/d6951a68358ba2c32bfe

これで縦のグリッドを引けました[12]。

図2.41　縦のグリッドを適用した状態

次は横のグリッドを引きます。もう一度**レイアウトグリッド**セクションの＋をクリックすると、重ねがけができます。先ほどと同じ要領で設定してください。

図2.42　レイアウトグリッドの行の設定

以上で、今回必要なグリッドが引けました[13]。

図2.43　行列どちらも適用した状態

memo

【12】 レイアウトグリッドにおける、グリッド・列・行のちがいや、数や種類といったパラメーターなど、具体的な数値は、https://famous-strudel-dbff72.netlify.app/ にて解説しています。今はまず図2.40や図2.42で示した設定を参考にして、「整列をしやすくするためのガイドが引ける」と理解できれば大丈夫です。

【13】 今回は簡単なグリッドなので、デフォルトの赤色をそのまま使っています。複雑なグリッドを作る場合は、色分けなどもしたほうが見やすくなるでしょう。

このグリッドに合わせてロゴとコピーライトを配置しましょう。ドラッグしてガイドの近くまで持っていけば、スナップが働いて綺麗に整列されます。

図2.44　オブジェクトを配置し終えた状態

また、**表示 > レイアウトグリッド**で表示／非表示を切り替えることができます。

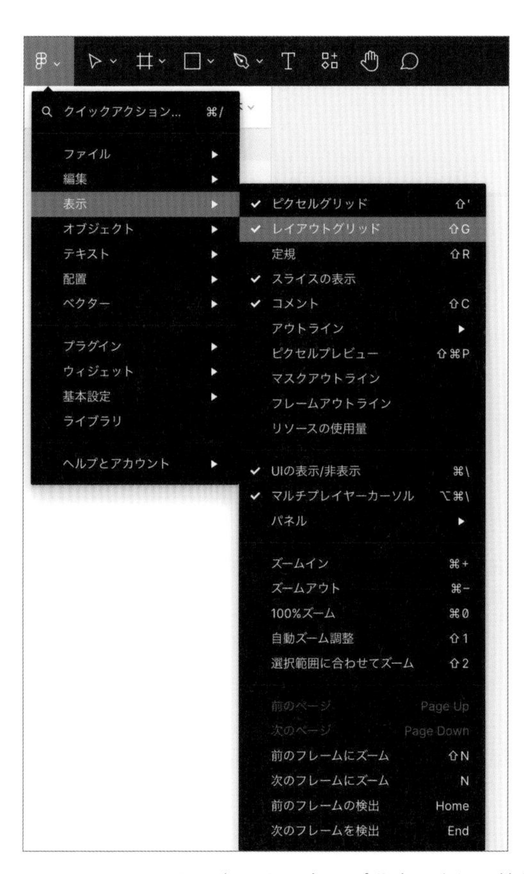

図2.45　レイアウトグリッドの表示／非表示を切り替えるメニュー

memo

Keyboard Shortcut

レイアウトグリッド	
macOS	shift + G
Windows	Shift + G

綺麗に整列させるためにキーボードを使って細かく動かすことも可能です。初期設定では、矢印キーを1回押すと1px動き、macOSであれば shift 、Windowsであれば Shift を押しながら矢印キーを押すと10px動きます。このときの移動量は**基本設定 > ナッジ...**より変更できます。

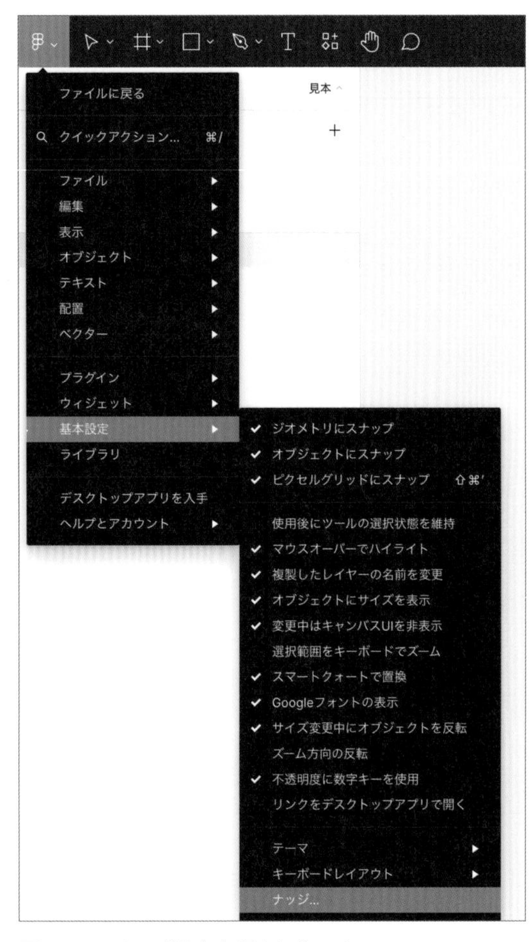

図2.46　ナッジ設定を開くためのメニュー

小さな調整とは矢印キーを押したときの移動量で、**大きな調整**とはmacOSであれば shift 、Windowsであれば Shift と矢印キーを一緒に押したときの移動量です。

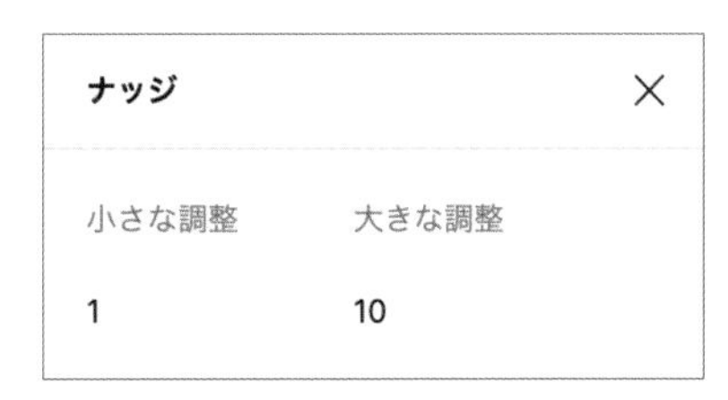

図2.47　ナッジ設定ウィンドウ

memo

Keyboard Shortcut

10px移動	
macOS	shift + 矢印キー
Windows	Shift + 矢印キー

2ページ目

オブジェクトの操作・リスト形式のテキストについて

2ページ目では目次を作成します。
下記について解説します。

- **長方形ツール**
- **オブジェクトの削除**
- **数値を打ち込んでの配置**
- **距離の測定**
- **リスト形式のテキスト**

目次

- **会社概要**
- **事業内容**
- **組織体制**

© 2022 Figpublication Inc.

図2.48　2ページ目の完成形

フレームの複製

まずは、1ページ目の**フレーム**（特別な変更を加えていなければ［Slide 16:9 - 1］と名付けられた**フレーム**）を複製します。フレーム名のあたりにカーソルを合わせて選択し、macOSであれば option 、Windowsであれば Alt を押しながらドラッグしましょう。このとき、macOSであれば shift 、Windowsであれば Shift を同時に押すと、水平か垂直のどちらかにしか移動できなくなります。綺麗に整列して複製したいときはmacOSであれば option ＋ shift ドラッグ、Windowsであれば Alt ＋ Shift ドラッグを活用してください。

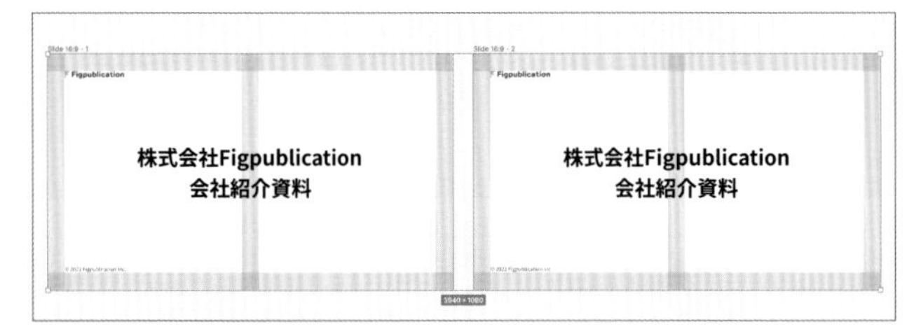

図2.49　1ページ目を複製してフレームが2つある状態

不要なオブジェクトを削除する

複製した**フレーム**のうち、**レイアウトグリッド**とコピーライトはそのまま使いますが、ロゴとタイトルは不要です。というわけでロゴとタイトルを選択して、macOSであれば delete 、Windowsであれば Back space を押します【1】。

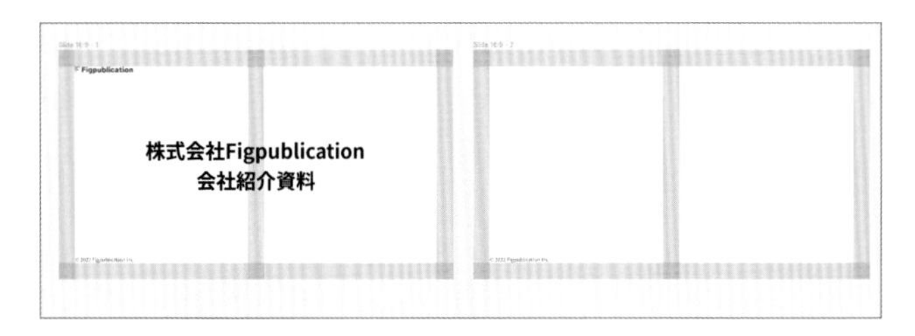

図2.50　複製したフレームから不要なオブジェクトを削除した状態

ページタイトルを作成する

ツールバーから長方形ツールを選び、フレーム内の適当な箇所をクリックします。

memo

【1】 一からフレームを作成してもよいのですが、同じオブジェクトや設定を使い回すなら、複製するほうが楽です。

図2.51　ツールバーの長方形ツール

幅、高さともに100pxのグレーの正方形が描画されます【2】。

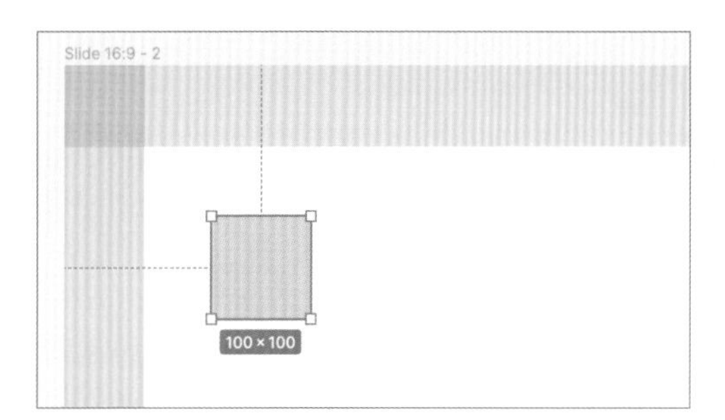

図2.52　デフォルトの長方形が描画された状態

右サイドバーのWに[8]、Hに[47]と入力し、ガイドの左上にぴったりとそわせます。

表2.8　長方形の配置

右サイドバー	配置した長方形
X 80　Y 80 W 8　H 47 0°　0	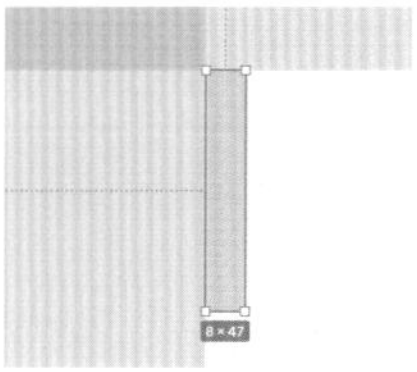 8×47

長方形や多角形は角丸が指定できるので、このエリアに[4]と入力します。

また、塗りに[F24E1E]を指定します。

表2.9　長方形の見た目の調整

角丸	塗り	適用後
X 80　Y 80 W 8　H 47 0°　4	塗り F24E1E　100%	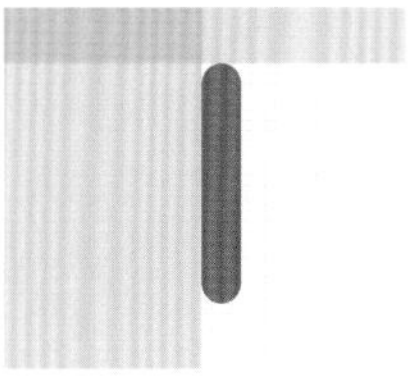

memo

【2】正方形の下に青く「100 x 100」と記載されているのがサイズを表しています。

Keyboard Shortcut	
長方形ツール	
macOS	R
Windows	R

次に、**テキスト**ツールを選択し「目次」と入力します。細かな設定は表2.10のように変更します。

表2.10　目次テキストの設定

書式	適用後
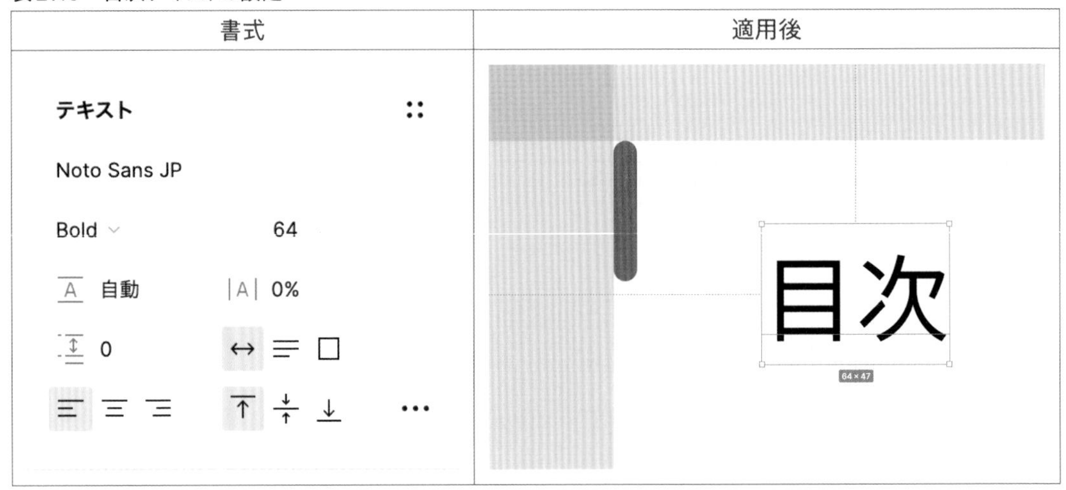	

入力したテキストと、先ほど作った長方形を選択した状態で、長方形を基準に整列させます。長方形のほうが画面上部に配置されているのを確認したうえで、 をクリックし、上揃えを実行します[3]。

memo

【3】 目視で整列させることもできますし、スナップ機能があるので手動で整列させることもできますが、整列機能を使ったほうがより正確です。

図2.53　サイドバーの整列セクション

表2.11　長方形とテキストの整列前後の見た目（上揃えの場合）

整列前	整列後
目次	目次

もし、長方形がテキストより下に位置していた場合は、 をクリックし、下揃えを実行します。基準となるオブジェクトのある位置に合わせて、上下左右の揃え方を変えます。

表2.12　長方形とテキストの整列前後の見た目（下揃えの場合）

整列前	整列後

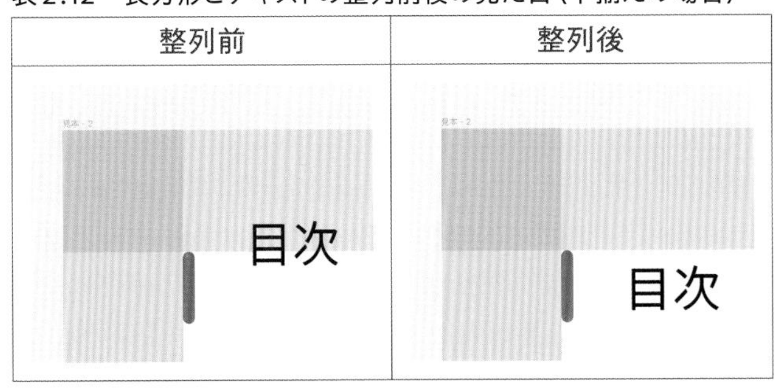

次に、テキストを選択した状態で、macOSであれば option 、Windowsであれば Alt を押しながらカーソルを長方形に合わせます。すると、お互いのオブジェクトの距離が測れました【4】。

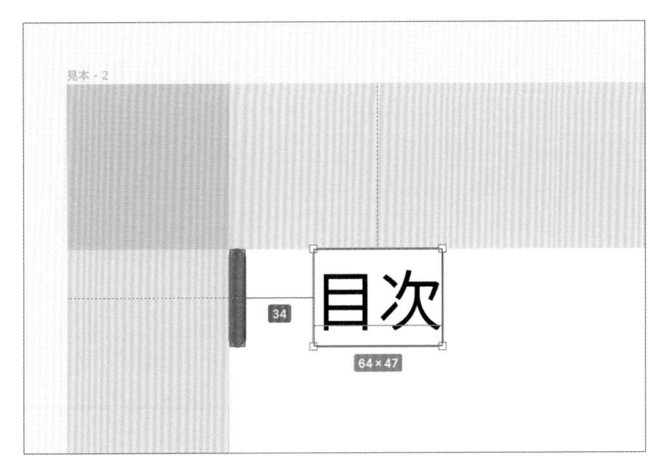

図2.54　距離の測定

オブジェクト間の距離が［16］になる位置まで、テキストを動かしましょう。

図2.55　配置し終えた状態

memo

【4】 図2.54では「34」と表示されています。これはオブジェクトの距離が34px離れていることを表しています。

目次を作成する

[見本 - 2] **フレーム**のとおりにテキストを配置します。

ただし、先頭の [●] は打たず、画像のようになっていれば大丈夫です。

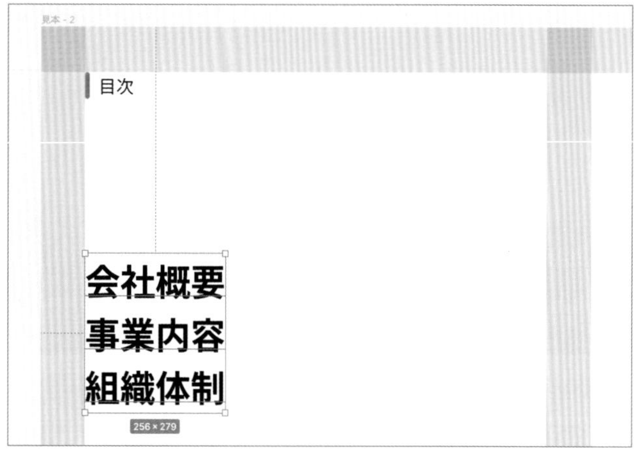

図2.56　箇条書きスタイルを適用する前のテキスト

これまでのフォントサイズやウェイト以外の、さらに詳細な設定を変更するパネルを開きます。リストスタイルの項目から☰をクリックし、**箇条書きリスト**を適用します[5]。

図2.57　サイドバーのテキストセクションの詳細設定パネル

memo

【5】 リストスタイル以外にもさまざまな項目が表示されていますが、詳細は、https://famous-strudel-dbff72.netlify.app/ で解説します。

これで、箇条書きの見た目になりました。この設定を適用すると、先頭の●は自動で付与されます。

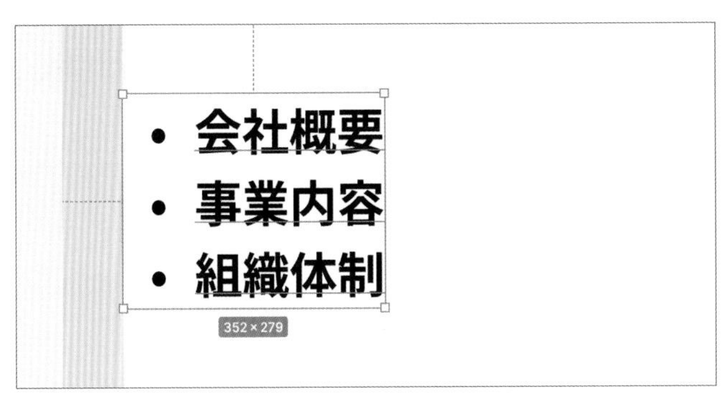

図2.58　箇条書きスタイルを適用したあとのテキスト

ちなみに、箇条書きリストの右にあるのは番号付きリスト（☰）です。こちらは1、2、3……と番号が付与されたリストを実現できます【6】。

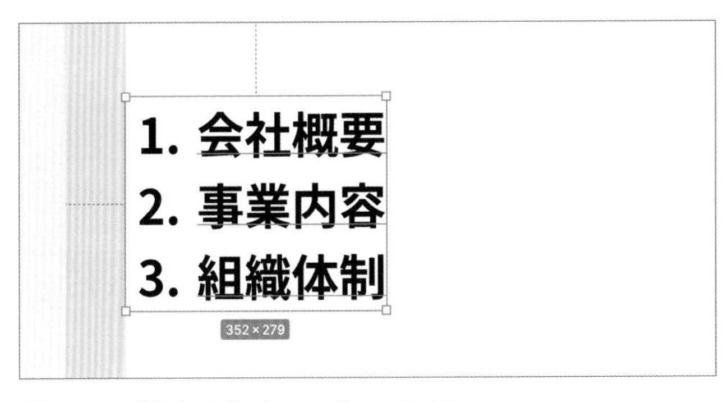

図2.59　番号付きリストバージョンのテキスト

また、Tab を押すとインデントを増やし、macOSであれば shift + Tab、Windowsであれば Shift + Tab を押すとインデントが減ります。

memo

【6】 テキストを入力するとき、[-]（ハイフン + 半角スペース）から始めると箇条書きリストに、「1. 」（1 + ピリオド + 半角スペース）から始めると番号付きリストに自動で変換されます。

- 会社概要
- 事業内容
    - 組織体制

図2.60　インデントを下げた状態の箇条書きリスト

目次は、グリッドの左端かつ、**フレーム**の上下中央に揃えましょう。

memo

Keyboard Shortcut	
上下中央揃え	
macOS	option + V
Windows	Alt + V

column

なぜわざわざリスト形式のテキストを使用するのか

今回の例でいえば、3行しかないため手動で［●］や［1.］などのマーカーをつけても問題は少ないです。
しかし、本来はだめです。
例えばこれが100行あるデータだったらどうでしょうか。毎回手作業で打ち込むのは骨が折れますし、番号付きリストの場合は数えまちがいも起きそうですね。

また、FigmaはUIデザインツールであるため、UIとしてのデータを念頭に置いて制作する必要があります。
UIが最終的にコードで書かれて動くとき、［●］や［1.］などのマーカーがテキストで示されていると実装しづらいです。詳細な話は省きますが、こういった観点も含めてリスト形式のテキストを使えるとよいでしょう。

3ページ目

表組みの再現・画像の配置について

3ページ目では下記について解説します。

- **線ツール**
- **テキスト幅の調整**
- **表組みの再現**
- **均等配置**
- **画像の配置**

会社概要

書籍×テクノロジーで世界の知の総量を増やす

会社名	株式会社FigmaBook
設立	2020年2月29日
所在地	愛知県名古屋市〇〇区××1-23-4
代表取締役社長	綿貫 佳祐
事業内容	テクノロジカルパブリッシング
従業員	256名（2022年4月現在）

© 2022 Figpublication Inc.

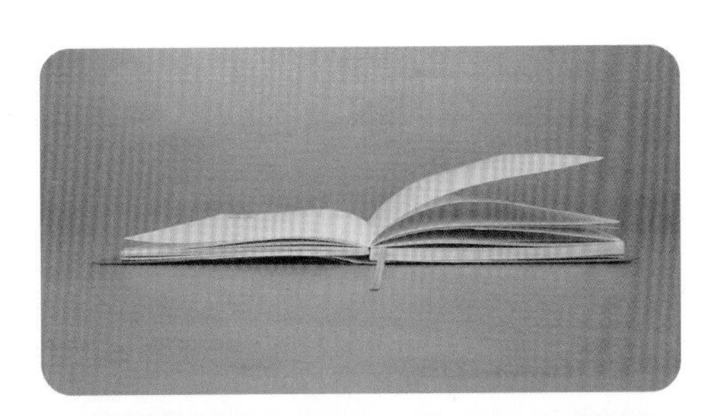

図2.61　3ページの完成形

フレームの複製と不要なオブジェクトの削除

2ページ目を作成したときと同様に、**フレーム**を複製します。
また、目次のテキストを削除します。

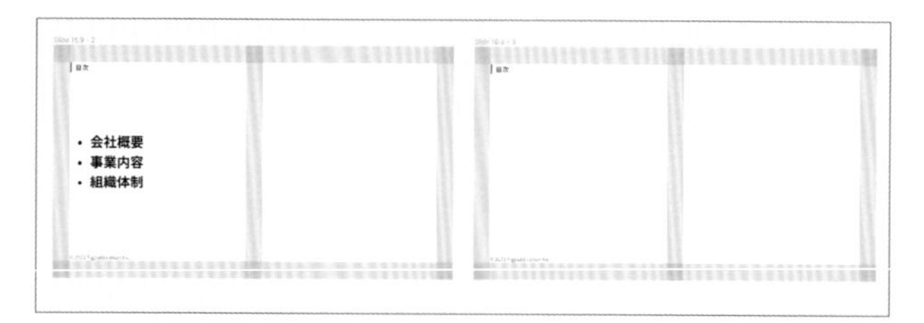

図2.62　2ページ目を複製したあと、不要なオブジェクトを削除した状態

ページタイトル・見出しの入力

これまでと同様のやり方で、必要なテキストをそれぞれ打ち込みましょう。ページタイトルは「目次」を「会社概要」に打ち直すだけです。見出しのフォント設定は図2.63のとおりです。

図2.63　サイドバーのテキストのセクション

また、テキストの端をドラッグし、先ほど引いたグリッドに合わせて広げます。そのとき、サイドバーの**テキスト**セクションで**幅の自動調整**(↔)が**高さの自動調整**(☰)に変わります。
幅の自動調整が選ばれている状態だと、意図的に改行を入れない限りはテキストエリアはどこまでも横に広がります。対して、**高さの自動調整**は横幅を固定し、収まりきらない場合は自動で改行されます【1】。

memo

【1】 もう1つ**固定サイズ**(□)というオプションがありますが、使用頻度も低いためここでは解説しません。文字間隔や段落間隔などのオプションとともに、https://famous-strudel-dbff72.netlify.app/ で解説します。

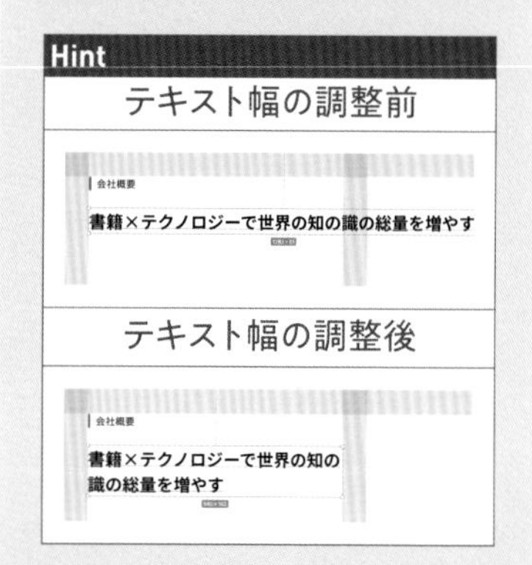

表組みの入力

まずは、必要なテキストを個別のオブジェクトとして作成します。

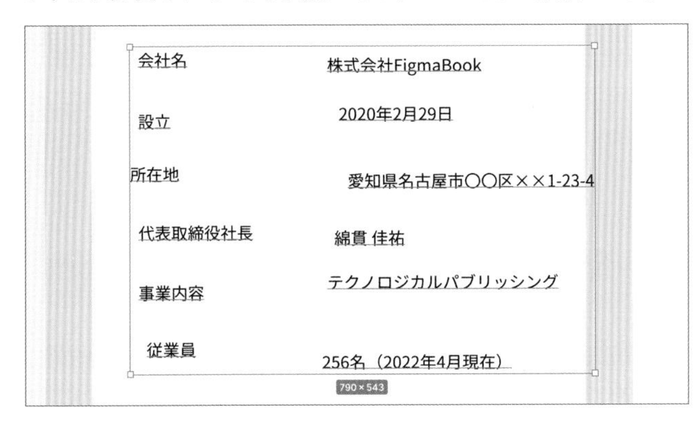

図2.64　表に必要なテキストを並べ終えた状態

その後、ツールバーの**長方形**ツールの横にある**⌄**をクリックするとメニューが展開されるので、その中にある**直線**ツールを選択します。

図2.65　ツールバーの直線ツール

フレーム内の適当な箇所をクリックしたら、macOSであれば shift 、Windowsであれば Shift を押しながら水平にドラッグします。長さ720pxの直線を引けたら、線の色を［CCCCCC］に変えましょう[2]。

memo

【2】 初めて**塗り**ではなく**線**という項目が出てきました。色を変更するだけなら**塗り**と変わりありませんが、線に固有のプロパティがいくつかあります。詳細は、https://famous-strudel-dbff72.netlify.app/ で解説します。

Keyboard Shortcut

直線ツール	
macOS	L
Windows	L

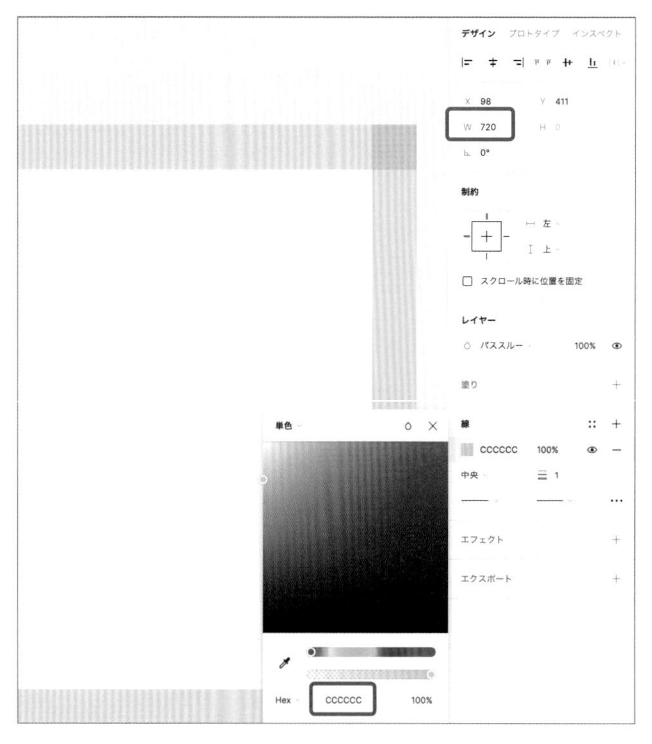

図2.66　1本の線を引いた状態

直線を残り4本複製して［見本 - 3］**フレーム**と同じように表組みを完成させます【3】。

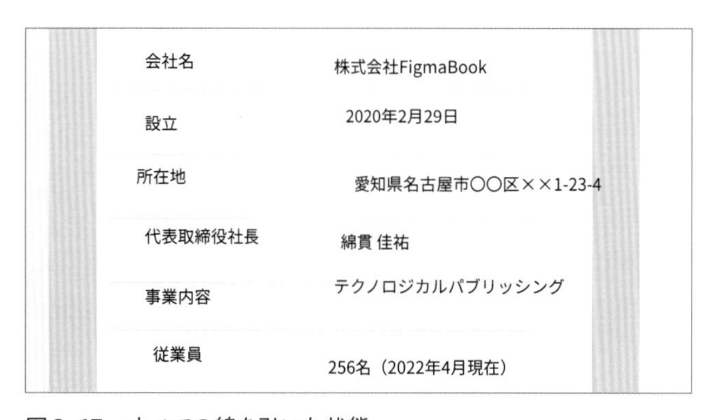

図2.67　すべての線を引いた状態

このとき、**整列**を上手に使うと素早く作業ができます。
まずは、見出しと線を選択します。そして右サイドバーの**整列**セクションの［|:|］をクリックして**その他のオプション**を展開し、**垂直方向に等間隔に分布**を選択します。

memo

【3】 手動で線を引くと、いつの間にか傾いてしまうときがあります。そのときは右サイドバーの回転のエリアに0を入力すると直ります。

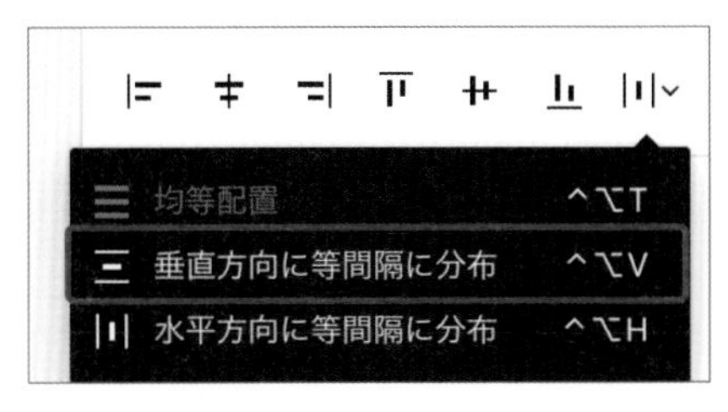

図2.68　整列オプションのドロップダウンメニュー

これで等間隔に並びました[4]。

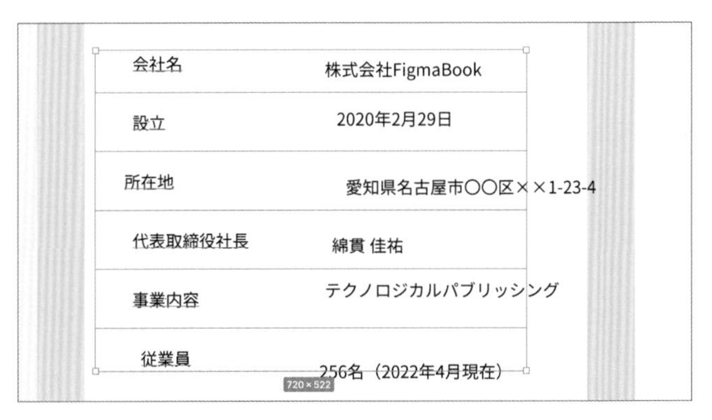

図2.69　垂直方向均等揃え後の状態

そのうえで、右サイドバーの図2.70で示した部分の数値を[24]に変えましょう。

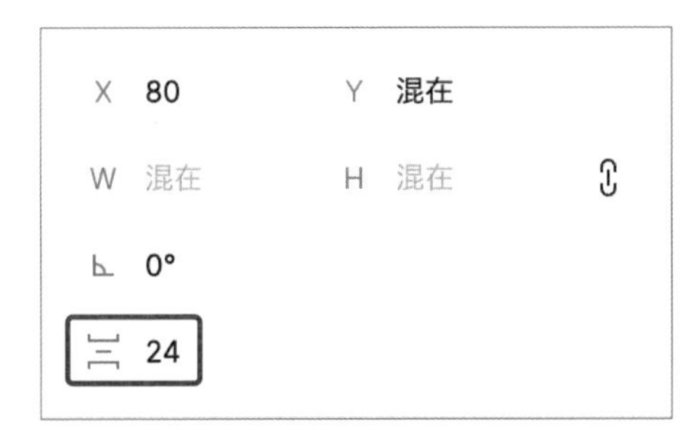

図2.70　オブジェクト間の距離の変更

今回は垂直方向の間隔を揃えましたが、水平方向の間隔、両方の間隔、それぞれの整列にショートカットキーがあります。

その後、区切り線と見出しの位置や、見出しの位置に本文を揃えて配置します。整列のショートカットキーは「2.4 1ページ目」の作成にあたって紹介しています。そちらを見ながら揃えてくださ

memo

【4】 なお、見出しではないテキストは選択していないので、まだ整列されていなくても問題ありません。

Keyboard Shortcut

均等配置	
macOS	control + option + T
Windows	Ctrl + Alt + T
垂直方向に等間隔に分布	
macOS	control + option + V
Windows	Ctrl + Alt + V
水平方向に等間隔に分布	
macOS	control + option + H
Windows	Ctrl + Alt + H

い。

会社名	株式会社FigmaBook
設立	2020年2月29日
所在地	愛知県名古屋市○○区××1-23-4
代表取締役社長	綿貫 佳祐
事業内容	テクノロジカルパブリッシング
従業員	256名（2022年4月現在）

720 × 492

図2.71　表のレイアウトを整えた状態

画像を作成する

macOSであればFinder、Windowsであればエクスプローラーから画像をFigmaの画面上にドラッグ&ドロップをしてください。今回は練習ですので、どんな画像でもかまいません【5】。

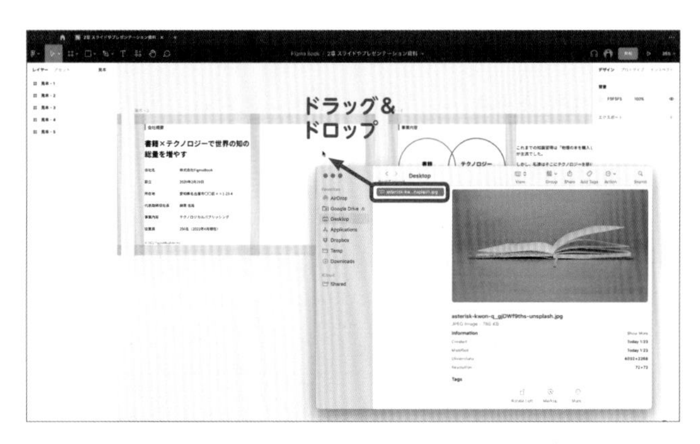

図2.72　画像をFigmaのウィンドウにドラッグ&ドロップで配置する

その後、画像のサイズをガイドに合わせて変更します。オブジェクトの辺や角にカーソルを合わせると形状が変わり、その状態でドラッグすれば変形します。どのようなオブジェクトでも操作は同じです。macOSであれば shift 、Windowsであれば Shift を押しながらドラッグすると、縦横比を保ったまま拡大縮小します。
また、macOSであれば option 、Windowsであれば Alt を押しながら拡大縮小すると、オブジェクトの中心点を基準に変形します。さらに shift と option もしくは Shift と Alt を同時に押せば両方の挙動が反映されます。

memo

【5】どうしても手元に画像がない場合は、見本ファイルから画像をコピー&ペーストしてください。

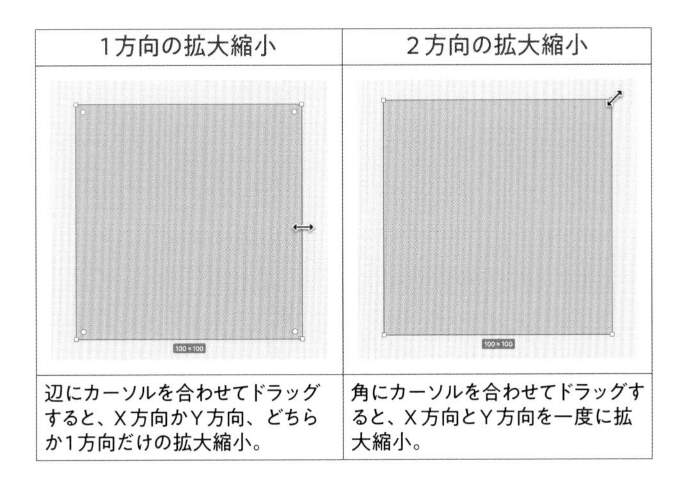

1方向の拡大縮小	2方向の拡大縮小
辺にカーソルを合わせてドラッグすると、X方向かY方向、どちらか1方向だけの拡大縮小。	角にカーソルを合わせてドラッグすると、X方向とY方向を一度に拡大縮小。

画像にも角丸を適用します。

X 1000　Y 80
W 840　H 440
0°　40

図2.73　右サイドバーの角丸プロパティ

1つ配置できたら、複製し、ガイドにそって配置します。

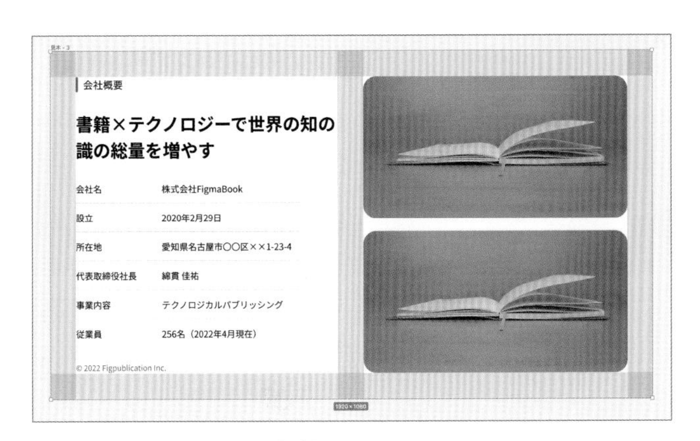

図2.74　画像を複製した状態

その後、ツールバーの**長方形**ツールの横にある**⌄**をクリックするとメニューが展開されるので、その中にある**画像の配置...**ツールを選択します。

memo

Keyboard Shortcut

縦横比を保ったまま拡大縮小	
macOS	shift を押しながらドラッグ
Windows	Shift を押しながらドラッグ
オブジェクトの中心を基準に拡大縮小	
macOS	option を押しながらドラッグ
Windows	Alt を押しながらドラッグ
オブジェクトの中心点を基準に縦横比を保ったまま拡大縮小	
macOS	shift ＋ option を押しながらドラッグ
Windows	Shift ＋ Alt を押しながらドラッグ

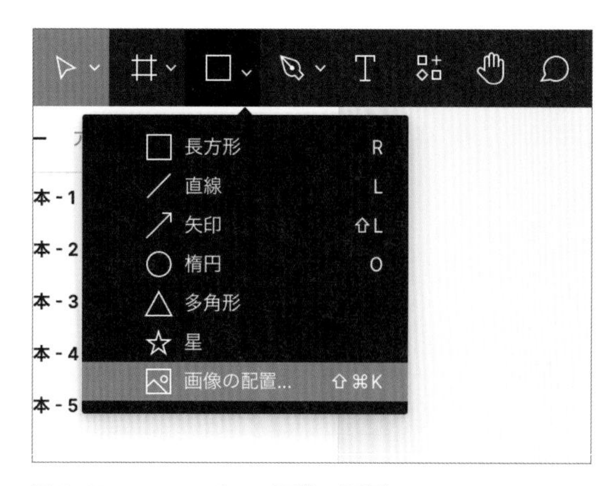

図2.75　ツールバーの画像の配置…ツール

こちらを選択すると、ファイルをアップロードする画面が立ち上がります。任意の画像ファイルを選したあと、置き換えたいオブジェクトをクリックすれば完了です【6】。

表2.13　画像の置き換え

画像を置き換える直前	画像を置き換えたあと

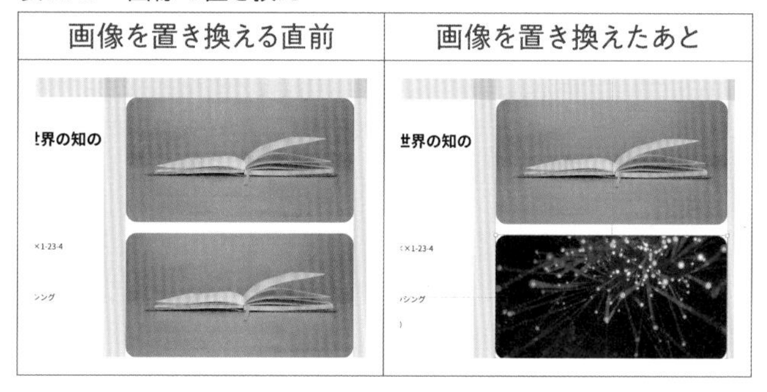

memo

【6】 もしくは、画像をコピー&ペーストしても大丈夫です。コラム「画像の配置方法」にも記載していますが、Figmaでは画像の取り扱い方に多くの方法があります。やりやすい方法を選んで問題ありません。

column

画像の配置方法

Figmaの画像の配置には、画像ファイルのドラッグ&ドロップ、既存の図形の塗りに画像を指定するやり方、**画像の配置...**ツール、という具合に、複数の方法があります。

図形の**塗り**に画像を指定する場合、先に長方形や楕円などを描き、**塗り**の項目から画像を選んだあと、画像をアップロードして適用するイメージです。

画像の配置...ツールは先ほど紹介したとおりですが、複数の画像を一度に選択できます。

どの方法を選んでも最終的な仕上がりは変わりません。

やりやすい方法を選んで大丈夫です。

表2.14　単色の塗りと画像の塗り

4ページ目

楕円・多角形・矢印ツールについて

4ページ目では下記について解説します。

- **楕円ツール**
- **多角形ツール**
- **矢印ツール**
- **グループ化**

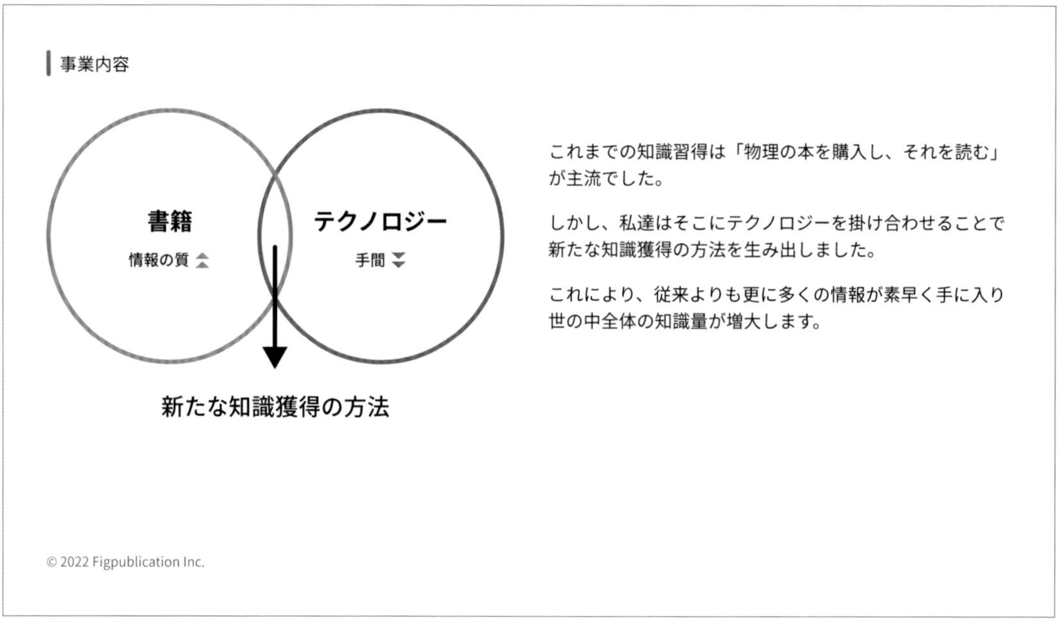

事業内容

書籍
情報の質

テクノロジー
手間

新たな知識獲得の方法

これまでの知識習得は「物理の本を購入し、それを読む」が主流でした。

しかし、私達はそこにテクノロジーを掛け合わせることで新たな知識獲得の方法を生み出しました。

これにより、従来よりも更に多くの情報が素早く手に入り世の中全体の知識量が増大します。

© 2022 Figpublication Inc.

図2.76　4ページ目の完成形

フレームの複製とテキストの配置

これまでと同様、**フレーム**を複製したあと、必要なテキストを配置します。サイズや位置など、各種設定は[見本 - 4]**フレーム**を参考にしてください。

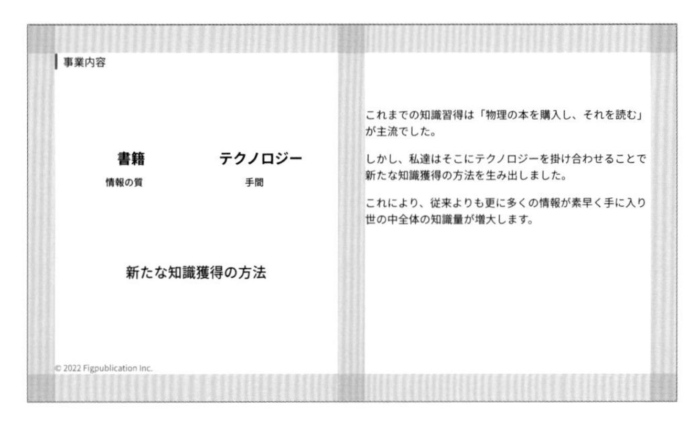

図2.77　必要なテキストを配置し終えた状態

楕円の配置

ツールバーの**長方形**ツールの横にある**✓**をクリックするとメニューが展開されるので、その中にある**楕円**ツールを選び、**フレーム**内の適当な箇所をクリックします。

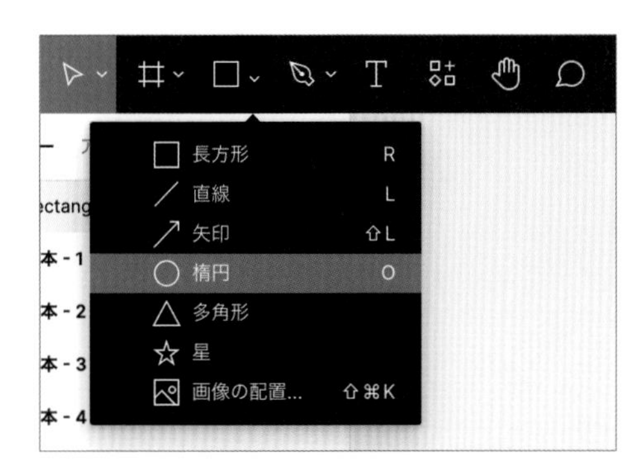

図2.78　ツールバーの楕円ツール

現在はグレーの円が描画されているので、パネルから**塗り**を削除し、**線**を追加します。

memo

Keyboard Shortcut	
楕円ツール	
macOS	O
Windows	O

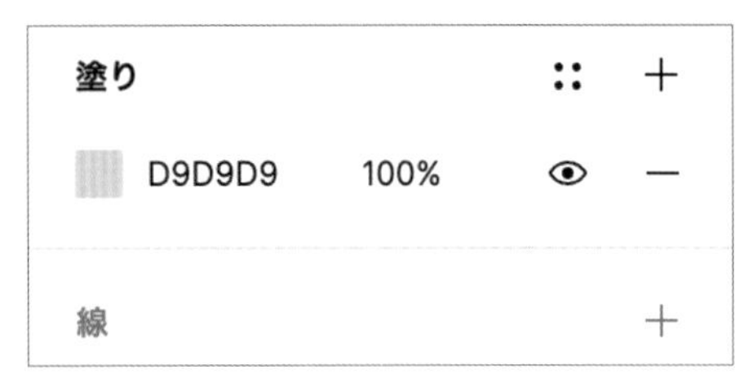

図2.79　デフォルトの塗りと線

この状態で**線**の色に［FF7262］を指定します。

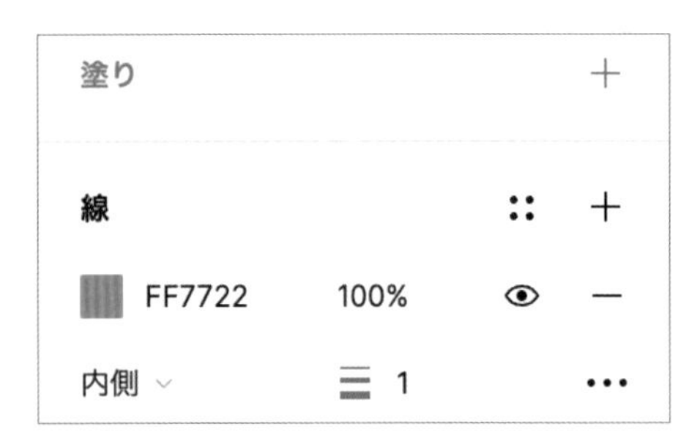

図2.80　線を追加し、色を変更

サイズをW:452、H:452に変えたあと、複製して配置し、**線**の色を［A259FF］にします。

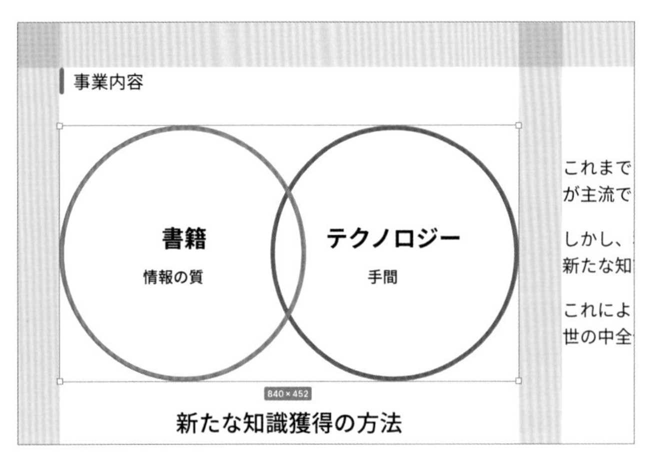

図2.81　2つの円を配置し終えた状態

多角形の配置

ツールバーの**長方形**ツールの横にある**∨**をクリックするとメニューが展開されるので、その中にある**多角形**ツールを選び、**フレーム**内の適当な箇所をクリックします。

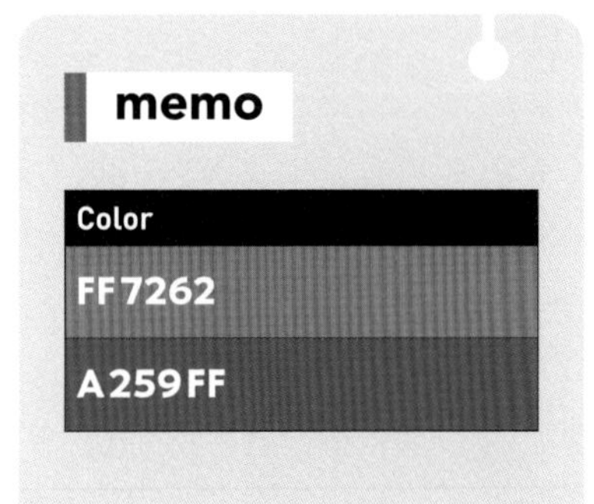

図2.82　ツールバーの多角形ツール

初期状態では三角形が描画され、端にある●印をドラッグすると角の数を変えられます。表2.15では五角形までしか示していませんが、実際は六十角形まで描画できます[1]。

表2.15　多角形の種類

三角形（初期状態）	四角形	五角形

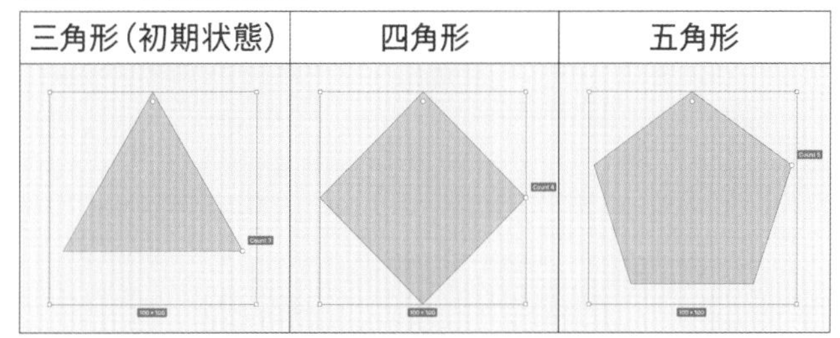

今回は三角形のまま使用します。サイズをW:32、H:16に変えたあと、塗りに[FF7262]を指定し、複製して2つ並べます。

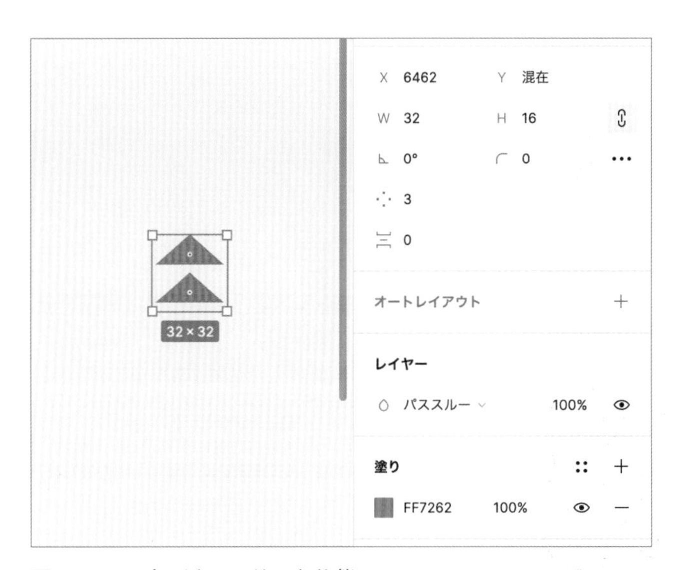

図2.83　三角形を2つ並べた状態

memo

【1】さらに詳細な挙動は、https://famous-strudel-dbff72.netlify.app/で解説しています。

2つの三角形を選択し、複製します。**塗り**に［A259FF］を指定したあと、180度回転させます。角の少し外側にカーソルを合わせてドラッグすると、オブジェクトの中心を基準にして回転します。

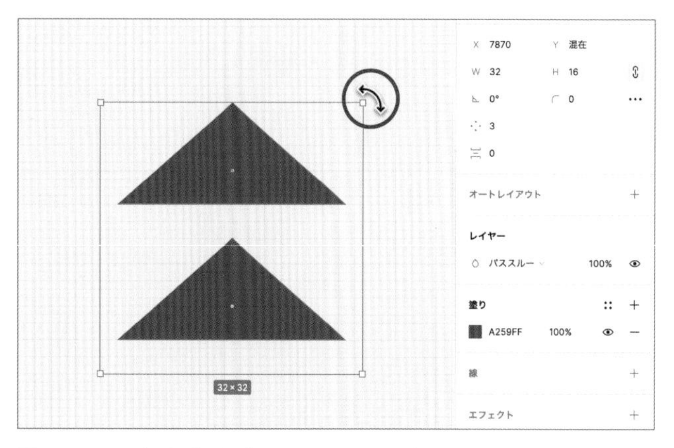

図2.84　回転させるときのカーソルの見た目

グループ化と整列

先ほど作成した多角形とテキストを横並びに配置します。

図2.85　グループ化させる前のオブジェクト

両方のオブジェクトを選択したうえで、メニューより**オブジェクト > 選択範囲のグループ化**を選択します。

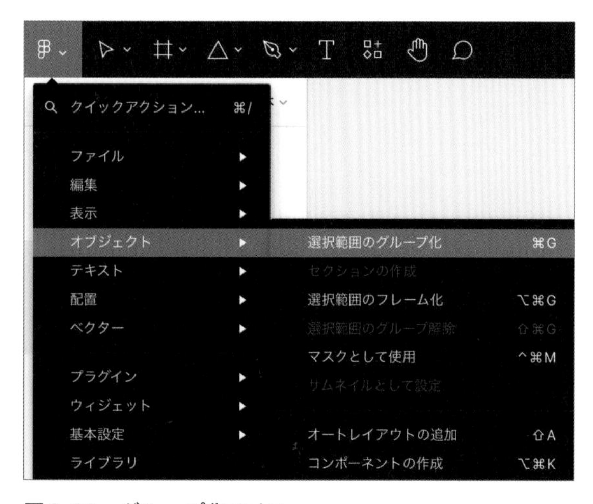

図2.86　グループ化のメニュー

memo

Keyboard Shortcut	
選択範囲のグループ化	
macOS	command + G
Windows	Ctrl + G
選択範囲のグループ化解除	
macOS	shift + command + G
Windows	Shift + Ctrl + G

これで複数のオブジェクトが1つのグループになり、一度に選択したり、移動したりできるようになりました。グループ内の個別のオブジェクトを選択したいときはダブルクリックをするか、macOSであれば command、Windowsであれば Ctrl を押しながらオブジェクトをクリック[2]します。
グループ化と整列を駆使して、[見本 - 4]**フレーム**と同じように図を作成しましょう。

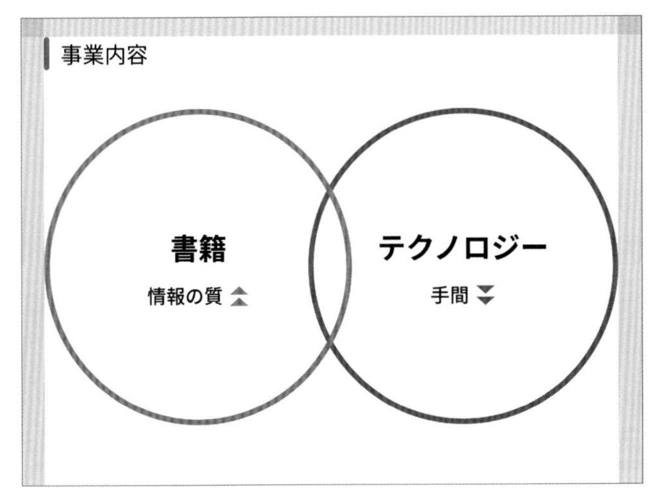

図2.87 円と多角形を組み合わせた図

矢印の配置

ツールバーの**長方形**ツールの横にある ✓ をクリックするとメニューが展開されるので、その中にある**矢印**ツールを選択します。

図2.88 ツールバーの矢印ツール

フレーム内の適当な箇所をクリックしたら、macOSであれば shift、Windowsであれば Shift を押しながら垂直にドラッグし

memo

【2】この選択方法をネスト選択といいます。

Keyboard Shortcut

矢印ツール	
macOS	shift + L
Windows	Shift + L

ます。長さ216pxの矢印を引けたら【3】、線に［000000］を指定し、太さを8pxにします。

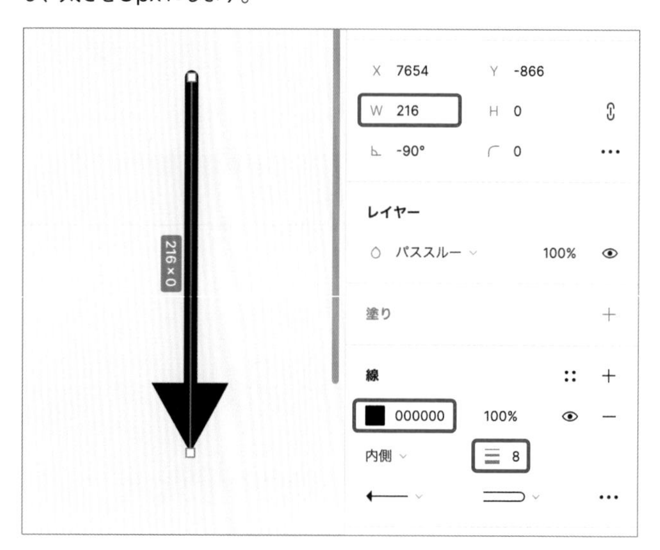

図2.89　矢印を作成した状態

矢印は先端と終端の形状をいくつかのパターンから選べます。

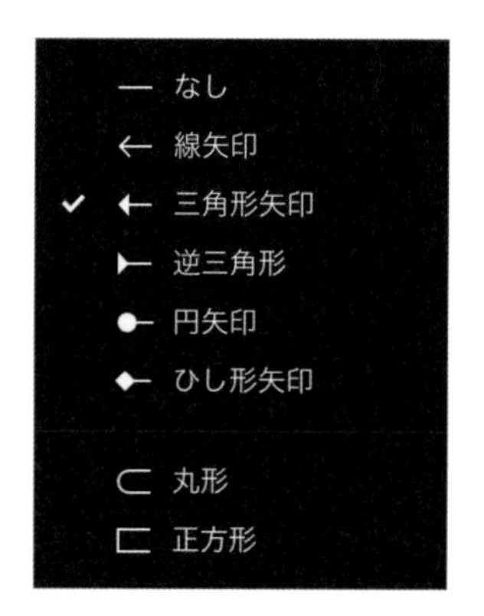

図2.90　矢印の設定一覧

memo

【3】 一度のドラッグで216pxにする必要はなく、あとから調整しても大丈夫です。

5ページ目

ペンツール・星ツール・レイヤーの操作について

5ページ目では**ペン**と**星**ツールの使い方、オブジェクトの重なりについて解説します。

- **ペンツール**
- **星ツール**
- **オブジェクトの重なり**

図2.91　5ページ目の完成形

フレームの複製とテキストの配置

これまでと同様、**フレーム**を複製したあと、必要なテキストを配置します。それぞれのテキストのサイズなどは［見本 - 5］**フレーム**を参考にしてください。

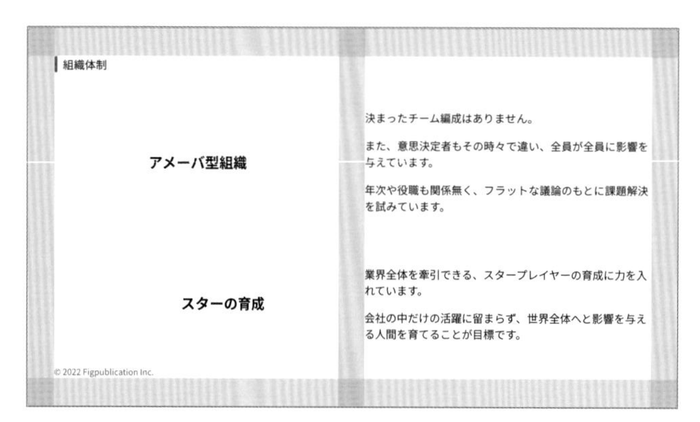

図2.92　必要なテキストを配置し終えた状態

ベクターの配置

ベクターデータ（見本のアメーバのような図形）を作成します。ツールバーから**ペン**ツールを選びます【1】。

図2.93　ツールバーのペンツール

クリックするとポイントが追加され、間をつなぐように線が引かれます。1度描画を始めると、どこをクリックしてもポイントが追加され続けます。この状態をシェイプ編集モードと呼びます。
シェイプ編集モードを抜けるには、ツールバー上部にある完了をクリックするか、macOSであれば return 、Windowsであれば Enter を押します。

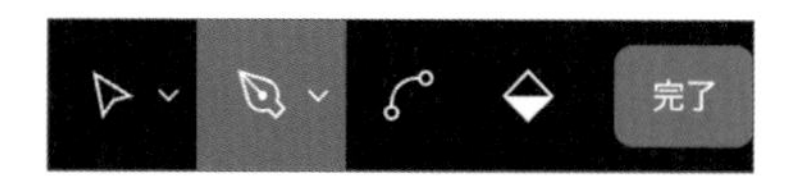

図2.94　編集モード時のツールバー

まずは、図2.95のように数カ所クリックして、ぐるっと1周するように線を引いたら、シェイプ編集モードを抜けます（クリックする箇所は

memo

【1】 ここでは基本の使い方を解説します。詳細は、https://famous-strudel-dbff72.netlify.app/で解説します。

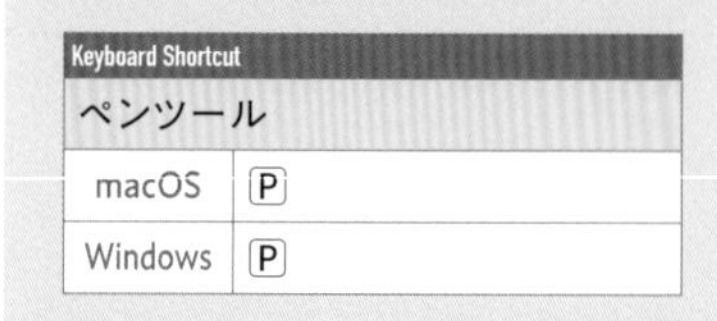

Keyboard Shortcut	
ペンツール	
macOS	P
Windows	P

厳密でなくてよいので、おおよその形を参考にしてください)。

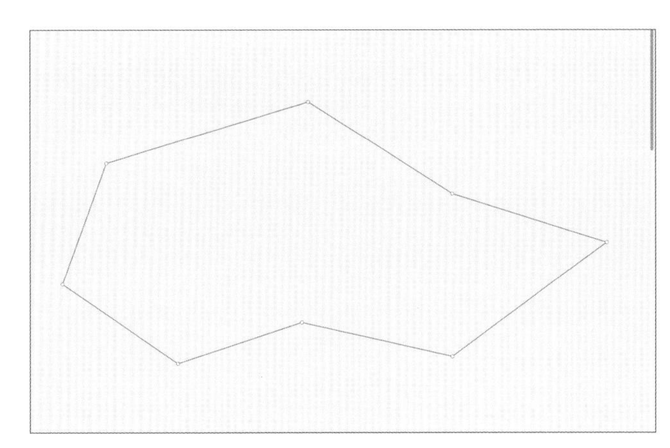

図2.95　直線だけで作成した状態の図形

ペンツールで描画している間の他に、ベクターをダブルクリックしたときもシェイプ編集モードに入ります。先ほど作った図形をダブルクリックしたうえで、**曲線**ツールにしましょう。

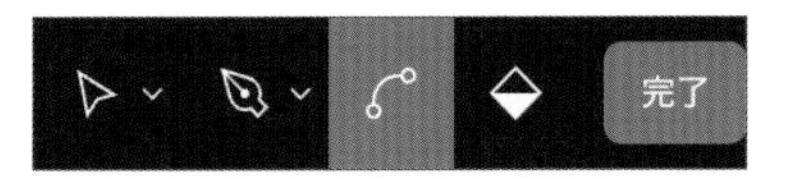

図2.96　編集モード時のツールバーの曲線ツール

すべてのポイントを再度クリックすると、丸みを帯びた形状になりました(ちなみに、もう一度**曲線**ツールでポイントをクリックすると、再び角張ります)。

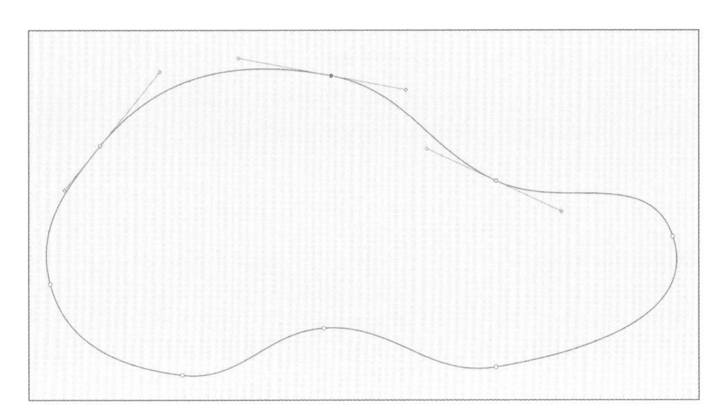

図2.97　図2.95の図形に曲線を適用

丸みを帯びた状態で**移動**ツールに持ち替えてポイントをクリックすると、それぞれのポイントからハンドルが出ているのがわかります。ハンドル長さや向きを操作することで自由な形状を作成できます。

memo

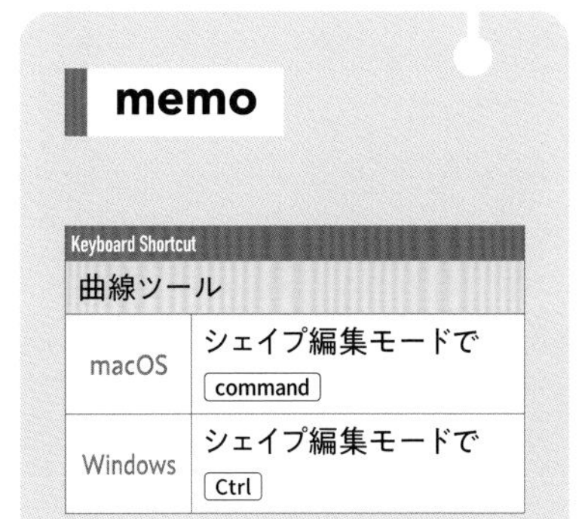

Keyboard Shortcut	
曲線ツール	
macOS	シェイプ編集モードで command
Windows	シェイプ編集モードで Ctrl

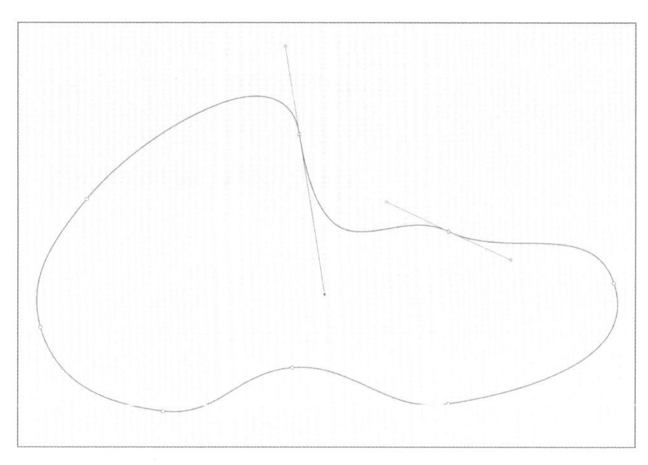

図2.98　先ほどの図形のハンドルを編集している状態

再びシェイプ編集モードを抜けたうえで、今作ったアメーバのような図形に色をつけます。**線**のセクションの⊟をクリックし削除したうえで、**塗り**のセクションの＋をクリックし追加します。

表2.16　線を削除し、塗りを追加する

線を引いた直後の 塗りと線	線を削除して 塗りを追加した直後
塗り　:: ＋ 線　:: ＋ 000000　100%　－ 中央　1　…	塗り　:: ＋ D9D9D9　100%　－ 線　＋

カラーピッカーを開き、塗りの種類を**単色**から**線形**に変えます。

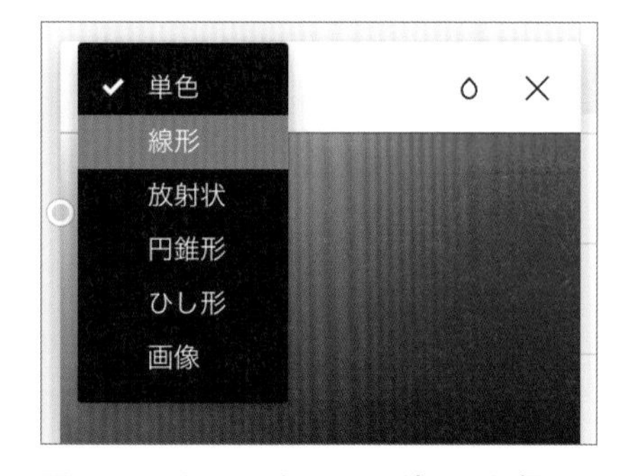

図2.99　カラーピッカーの塗りの種類

これにより、グラデーションが描画できるようになりました。
グラデーションの両端を表2.17のように設定しましょう。

表2.17　グラデーションの設定

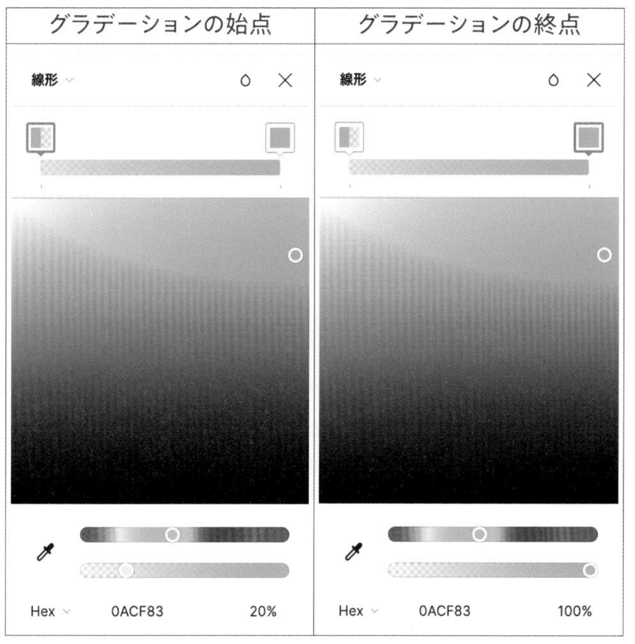

memo

Keyboard Shortcut	
前面へ移動	
macOS	command +]
Windows	Ctrl +]
背面へ移動	
macOS	command + [
Windows	Ctrl + [
最前面へ移動	
macOS	]
Windows	]
最背面へ移動	
macOS	[
Windows	[

オブジェクトの重なりを変更する

ここまで、テキストを先に用意し、そのあとに**ペン**ツールで図形を描きました。あとから作ったオブジェクト=レイヤーが上にある=オブジェクトが手前に重なっている状態です。文字が読みづらくなってしまっているので、レイヤーの順番を変更します（図2.100）。レイヤーをドラッグして**アメーバ型組織**よりも下に持っていくことで、文字が読みやすくなりました（図2.101）。

重なり順の変更はショートカットキーでも実施できます。

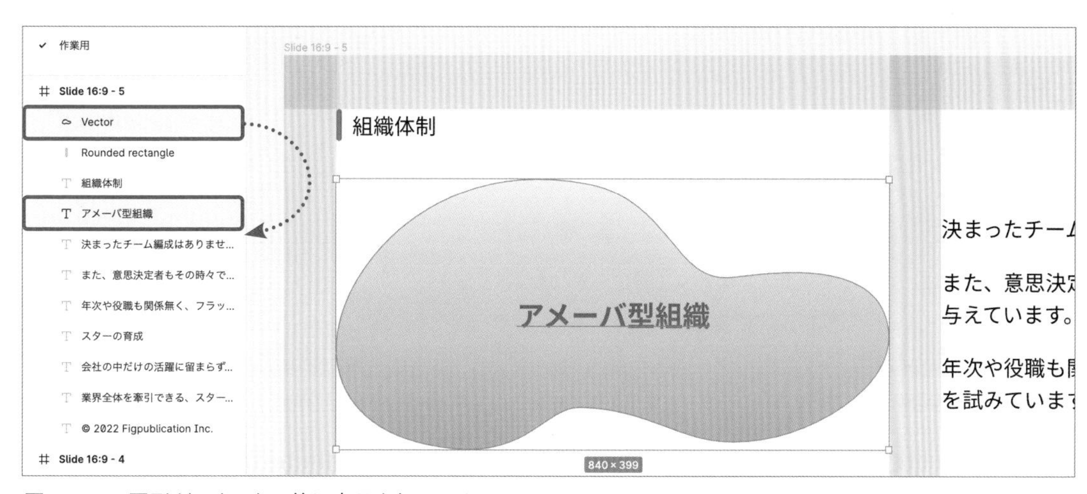

図2.100　図形がテキストの前に表示されている

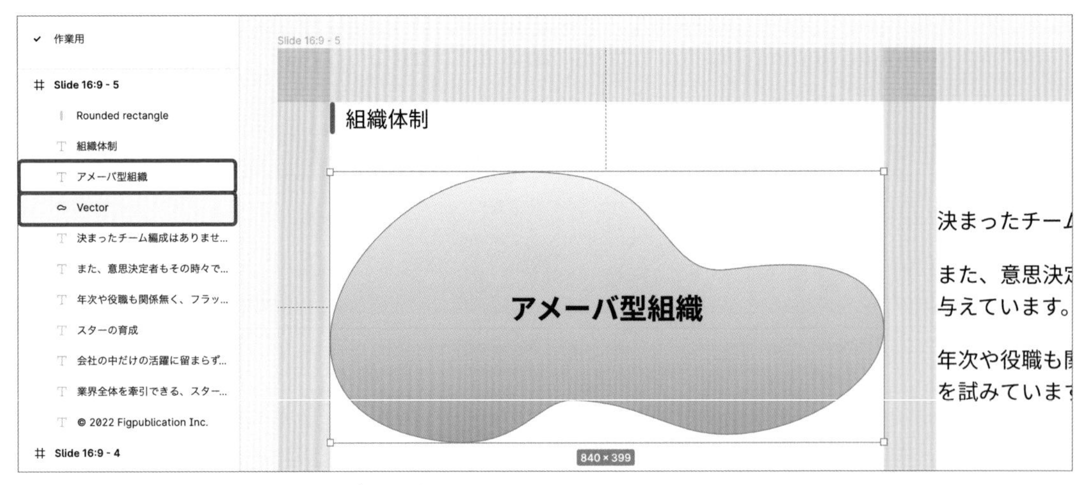

図2.101　図形がテキストのうしろに表示されている

星の配置

ツールバーの**長方形**ツールの横にある✔をクリックするとメニューが展開されるので、その中にある**星**ツールを選び、**フレーム**内の適当な箇所をクリックします。

図2.102　ツールバーの星ツール

初期状態では頂点が5つの星が描画され、端にある●印をドラッグすると、角の数を変えられます。表2.18では7つの頂点までしか示していませんが、実際は60まで描画できます[2]。

memo

【2】 さらに詳細な挙動は、https://famous-strudel-dbff72.netlify.app/ で解説しています。

表2.18　星の頂点の数

頂点5つ(初期状態)	頂点6つ	頂点7つ

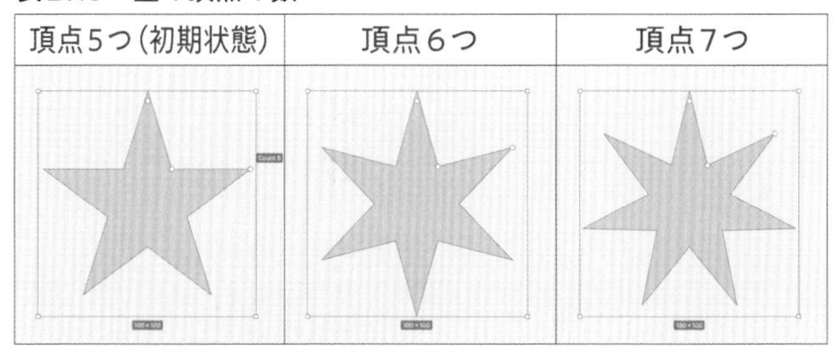

また、尖り具合も変更できます。

表2.19　星の尖り具合

初期状態の尖り具合	鋭角	鈍角

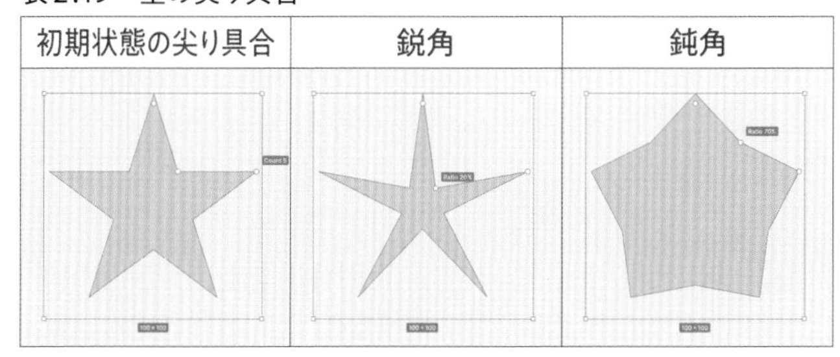

今回は5つの頂点のまま使用します。サイズをW:120、H:120に変えたあと、塗りに[F2CD00]を指定します。

図2.103　星を描画し、テキストとともに配置した状態

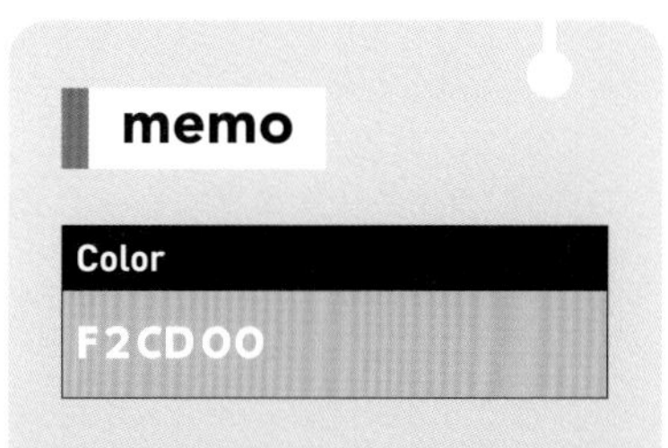

以上でプレゼンテーション資料は完成です。このように、Figma はUIツールでありながらビジュアルデザインも制作できます。
このチャプターでは基本的なツールの機能と使い方を紹介しました。利用頻度の高い操作だけに絞って紹介しましたので、まずはこれらを難なく使えるようにするのがおすすめです【3】。

memo

【3】 ここで紹介しきれなかったツールや使い方は、https://famous-strudel-dbff72.netlify.app/で解説しています。
一通りの操作を覚えたら、そちらにも目をとおしてみてください。

Figmaの本領を発揮するため、
UIデザインの作成へと移ります。
Twitterのようなサービスを
作る想定で、
見本を参考にしながら
作ってください。

chapter
3

UIデザインを作る

UIデザイン用の見本ファイルを複製する

まずは、サポートサイトより見本の**ファイル**（[chapter 3 UIデザインを作る]）へアクセスしてください。**chapter 2**と同様に複製したうえで、見本にそって制作を進めましょう。
[見本]の**ページ**には名前のとおり見本があり、[コピー用]の**ページ**にはアイコンを用意しています。Figmaの機能や使い勝手をよりわかりやすく体験してもらうために、[コピー用]ではアイコン制作をスキップしています。アイコン制作は時間がかかりますし、他のツールでもできるので、今回は重視しません。もちろん、一から作ってみたい人は**ペン**ツールなどで制作してください。
また、最終完成形もサポートサイトに載せています。見た目こそ一緒ですが、データの作りがちがいます。**chapter 3**の内容がすべて完了したら、答え合わせとして見比べてください。

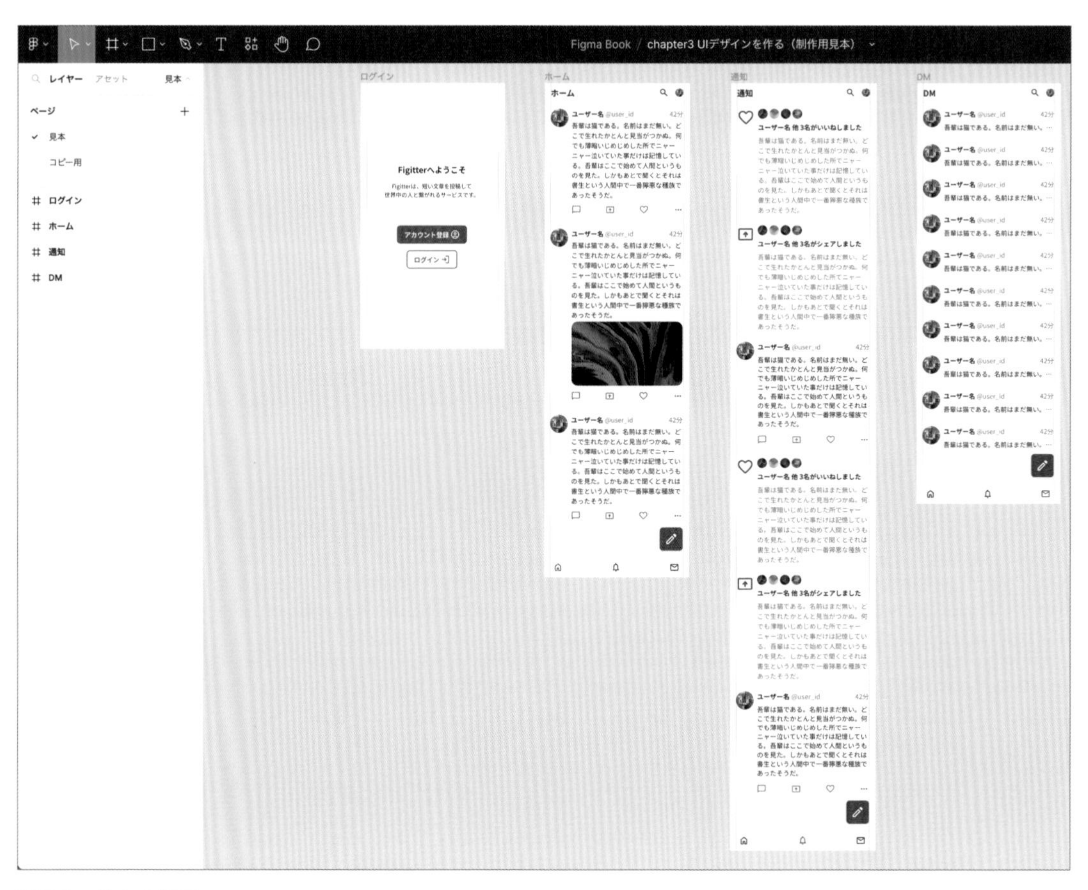

図3.1　見本の概観

新規ページを作成する

まずは、「2.4 1ページ目」で作ったのと同様に、新規ページを作成します。
今回はすでに［見本］と［コピー用］のページがありますから、全部で3つのページを扱うことになります。
新規ページを作成したら名前を変えましょう。ページ名をダブルクリックして［作業用］とリネームします。

図3.2 新規ページの作成

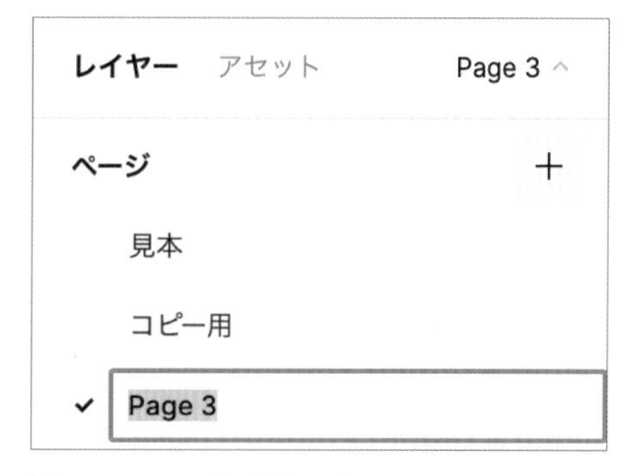

図3.3 ページのリネーム

ログイン画面を作成する

ログイン画面から作っていきます。
作り進めていく中で、適宜必要な機能を紹介します[1]。

Figitterへようこそ

Figitterは、短い文章を投稿して
世界中の人と繋がれるサービスです。

アカウント登録

ログイン

図3.4　ログイン画面の完成形

memo

【1】 OSとして表示されるUI（時計やバッテリーなど）やブラウザとして表示されるUI（戻るボタンなど）も画面に配置した方がリアルにはなるのですが、今回は省略して進めます。

フレームを作成する

始めに、画面の外枠を作ります。**フレーム**ツールを選択してプリセットを適用します。ここでは**スマホ > Android(大)**を選びましょう【2】。

フレーム	
▾ スマホ	
iPhone 13 Pro Max	428×926
iPhone 13/13 Pro	390×844
iPhone 13 mini	375×812
iPhone 11 Pro Max	414×896
iPhone 11 Pro / X	375×812
iPhone SE	320×568
iPhone 8 Plus	414×736
iPhone 8	375×667
Android(小)	360×640
Android(大)	360×800
▸ タブレット	

図3.5　フレームのプリセット

配置した**フレーム**の名前の部分、または左サイドバーのレイヤー名をダブルクリックすると、**フレーム**の名前を変更できます。現在は[Android Large - 1]という名前になっているので、[ログイン]に変えます。

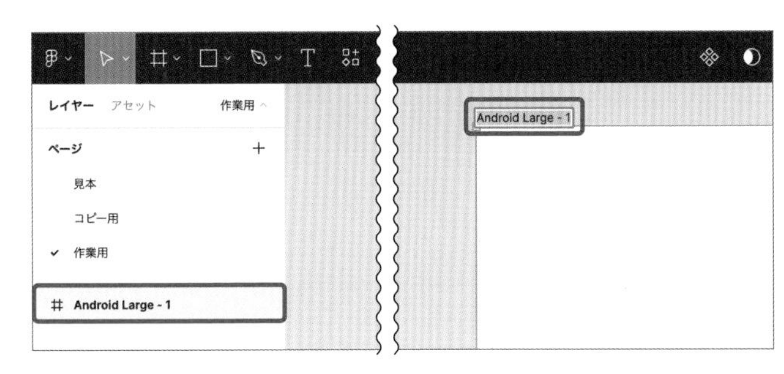

図3.6　フレームのリネーム

memo

【2】図3.5に表示されているように、よく使われているデバイスがプリセットとして登録されています。リアルな画面サイズで作ることも大切なので、活用しましょう。

Keyboard Shortcut

選択範囲の名前を変更	
macOS	command + R
Windows	Ctrl + R

これ以降、本文中では言及しませんが、**フレーム**やオブジェクトには常にわかりやすい名前をつけましょう。**フレーム**やオブジェクトが少ないうちはよいですが、増えてくると画面のどこに何があるかわからなくなりがちです。
名付け方に正解はありませんが、[見本]**ページ**の命名を参考にしてください。

テキストを作成する

[見本]**ページ**の[ログイン]**フレーム**の内にあるテキストオブジェクトを参考に、書式設定や位置、色を設定してください。

column

なぜAndroidの画面サイズで制作するのか

日本だとAndroidよりもiPhoneの普及率が高いですが、本書ではあえてAndroidサイズを選択しています。
実はiPhoneかAndoridかはそこまで重要ではありません。
Androidの画面幅は360pxで、この値が扱いやすいため、採用しています。
WebやUIのデザインにおいて、8pxグリッドという8の倍数を基準にサイズを決める方法が主流です。360 = 8 × 45であるため、このやり方と相性がよいです。
一方で、普及率の高いiPhoneの画面幅は375pxです[a]。375という値は約数の数が少なく、画面を偶数に分割しようとしても小数が発生してしまい、データとしてはあまり扱いやすくありません。
360pxに収まるようにデータが作れていれば、必然的に375pxにも収まるため、表示崩れを引き起こす心配が少ないです。
chapter 5で解説するような実装者への引き渡しも楽になることが多く、運用面でメリットが多いです。
このあたりは細かいテクニックになりますが、よくある話なので覚えておくとよいでしょう。

【a】厳密にいえば、iPhoneの画面サイズの単位はptでありpxとはちがいますが、この話の本筋とは関係ないため触れません。

Figitterへようこそ

Figitterは、短い文章を投稿して
世界中の人と繋がれるサービスです。

図3.7　テキストの配置

ボタンを作成する

2つのボタンを作成します。

図3.8　ボタンの見本

まずは、**テキスト**ツールで[アカウント登録]の文字列を作成します。次に、[コピー用]**ページ**から[アカウント]のアイコンをコピーします。その後、[作業用]**ページ**に戻り、[ログイン]**フレーム**を選択してペーストし、配置します。**フレーム**を選択してからペーストすることで、その**フレーム**の中にペーストされます。

memo

Tips
Figmaを使ったロゴ作りのメリット
https://qiita.com/xrxoxcxox/items/261b4b63bfd3fe688b17

Figitterへようこそ

Figitterは、短い文章を投稿して
世界中の人と繋がれるサービスです。

アカウント登録

140 × 24

図3.9　ボタンの中のテキスト要素

その後、**オートレイアウト**を適用します。

オートレイアウトとは、余白やオブジェクト間の距離を指定するだけで、自動でレイアウトを調整してくれる機能です。［アカウント登録］のテキストと［アカウント］のアイコンを選択し、メニューより**オブジェクト > オートレイアウトの追加**をクリックします。

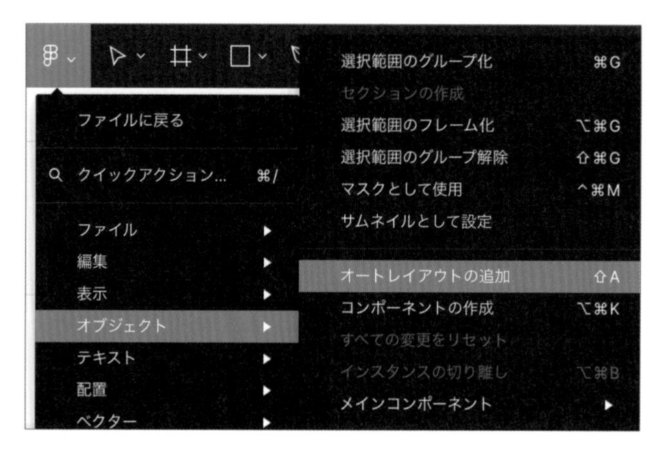

図3.10　オートレイアウトを適用するメニュー

すると、右サイドバーに**オートレイアウト**のセクションが出現します。図3.11で示したように数値を設定してください【3】。

memo

【3】 オートレイアウトにおける具体的な数値や設定方法は、https://famous-strudel-dbff72.netlify.app/で解説しています。今はまず見本を参考に、「手動で調整せず、数値の入力に合わせてレイアウトが変わる」状態になればゴールです。

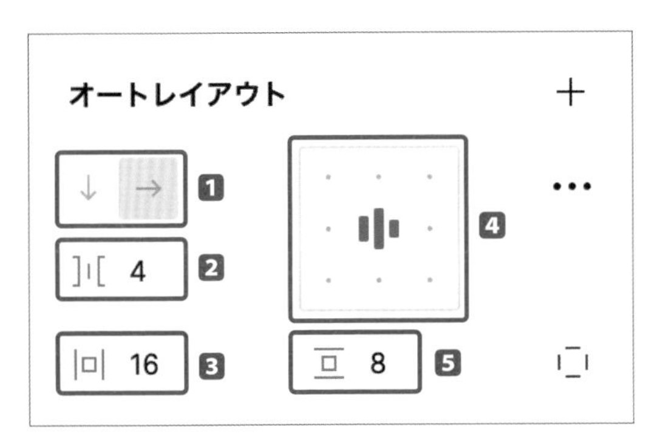

図3.11　オートレイアウトの設定

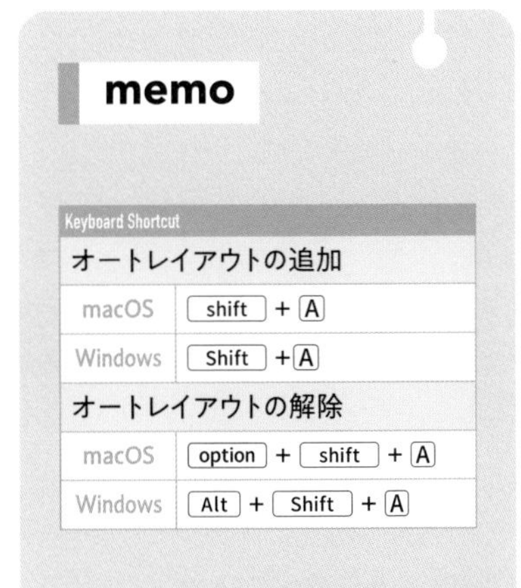

表3.1　オートレイアウトの設定

名称	機能
1 方向	オブジェクトを並べる方向。 垂直と水平で選べる。
2 アイテム間の間隔	指定した数値だけアイテム間に 余白が生まれる。
3 水平パディング	水平方向のパディング。
4 垂直パディング	垂直方向のパディング。
5 整列	左右上下のどちらに揃えるか、 詰めて配置するか、 等間隔に配置するかを選べる。

あとは［見本］ページの［ログイン］**フレーム**内の［ボタン］を参考に、**塗り**や角丸を設定すれば、1つ目のボタンは完成です。
同様にして2つ目のボタンも作成しましょう。アイコンは［コピー用］ページの［ログイン］アイコンを使用してください。

図3.12　作成したボタン

2つを並べて配置したら、［ログイン］画面は完成です。
ここで一旦作業はおいて、**オートレイアウト**の便利さに触れておきましょう。**オートレイアウト**は今後も使う機能なので、詳しく解説します。
まず、先ほど作成したボタンのテキストを適当なものに変えてみてください。すると、余白を維持したまま、テキストの長さに合わせてボタンの幅が変化しました。

表3.2　オートレイアウトの動作：サイズの自動変更

テキスト変更前	テキスト変更後
アカウント登録	適当なテキストに変更

また、ボタン内のテキストを選択し、→を押してください。すると、順番が入れ替わりました[4]。

表3.3　オートレイアウトの動作：順番の入れ替え

順番変更前	順番変更後
アカウント登録	アカウント登録

UI制作をするにあたって、このような調整を手作業で行うと、とてつもなく時間がかかります。

ぜひ**オートレイアウト**を活用して時間短縮をしてください。

memo

【4】 オートレイアウトの中の要素が2つのときだけでなく、3つ、4つと増えても同様に入れ替えられます。

3-4 ホーム画面を作成する

ホーム画面を作ります。

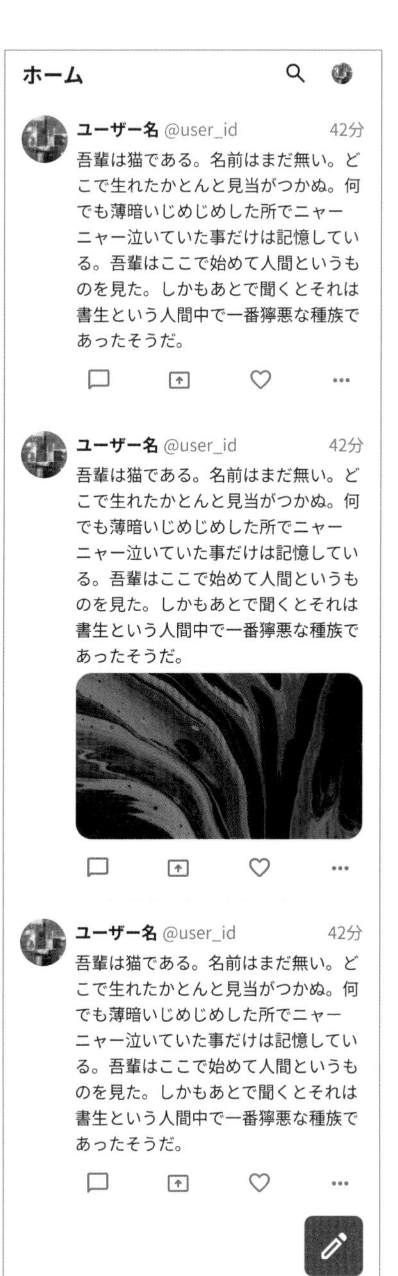

図3.13
ホーム画面の完成形

レイアウトグリッドを作成する

ホーム画面はオブジェクトが多いので、始めに**レイアウトグリッド**を設定します。「2.4 1ページ目」で作成したのと同様に、右サイドバーより**レイアウトグリッド**を適用しましょう。

図3.14　レイアウトグリッドの適用

スマートフォンの画面なので、そこまで細かなグリッドは引きません。表3.4のとおりに設定してください。

表3.4　レイアウトグリッドの設定

画面左側のグリッドの設定	画面右側のグリッドの設定

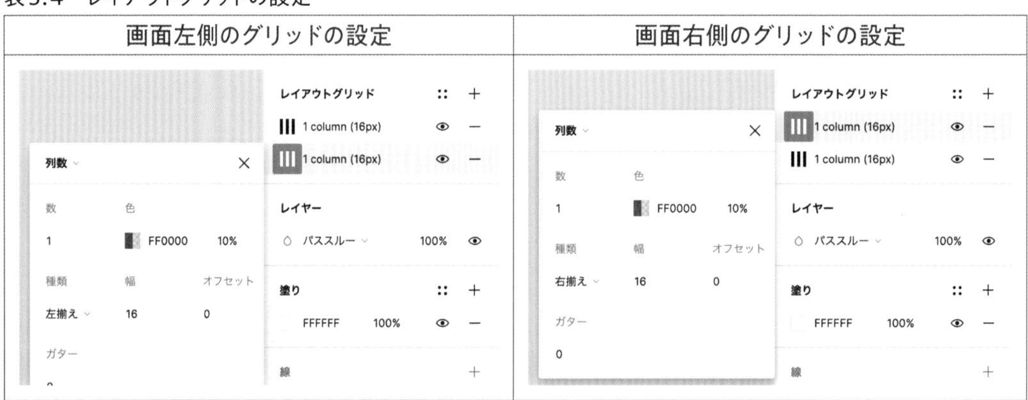

以上で、今回必要なグリッドが引けました【1】。

memo

【1】 レイアウトグリッドにおける、グリッド・列・行のちがいや、数や種類といったパラメーターなど、具体的な数値は、https://famous-strudel-dbff72.netlify.app/にて解説しています。今はまず見本を参考に、「整列をしやすくするためのガイドが引けた」状態になればゴールです。

ヘッダーを作成する

まずは、ヘッダーから作ります。

ホーム

図3.15　ヘッダーの見本

テキストツールを選択し[ホーム]と入力します。[見本]**ページ**の[ホーム]**フレーム**の内にあるテキストオブジェクトを参考に、書式設定や位置、色を設定してください。
次に、[コピー用]**ページ**から虫眼鏡のアイコンをコピーして、[ホーム]**フレーム**を選択し、ペーストします。
最後に、画像を用意します。楕円ツールに切り替えたうえで、フレーム内の適当な箇所をクリックし、右サイドバーの**W**と**H**にそれぞれ[20]と入力します[2]。

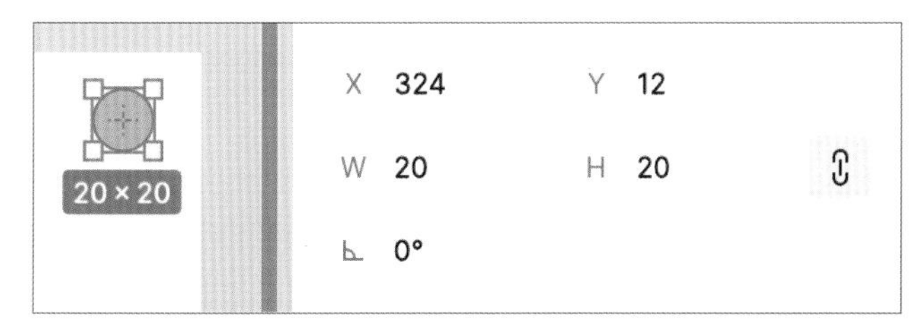

図3.16　ヘッダー内に配置する画像の設定

そのうえで、**塗り**を**画像**に変更します。**単色**になっているのを**画像**に変え、手元にある適当な画像を適用してください[3]。

図3.17　画像の塗りの設定

memo

【2】このとき**縦横比を固定**オプションにチェックを入れておくと、幅と高さのどちらかを変えたときに、もう片方の値が比率を維持したまま更新されます。今回のように、常に正円を維持したい場合などに使える機能ですので、覚えておきましょう。

【3】画像の設定方法は他にもあります。Figmaでは塗りもオブジェクトのプロパティの1つなので、コピーやペーストが可能です。まず[見本]ファイルの画像を選択し、右クリック→コピー／貼り付けオプション→プロパティをコピーを選択します。その後、先ほど作成した円を選択し直して、右クリック→コピー／貼り付けオプション→プロパティの貼り付けを選択します。ショートカットもあり、macOSであれば option + command + C と option + command + V、Windowsであれば Alt + Ctrl + C と Alt + Ctrl + V です。

テキスト・虫眼鏡アイコン・画像の３つが揃ったら、すべてを選択して**オートレイアウト**を適用します。図3.18の設定のとおりに入力してください。… をクリックして出てくる**詳細なレイアウト**の**間隔設定モード**を**間隔を空けて配置**にしている点に注意です。

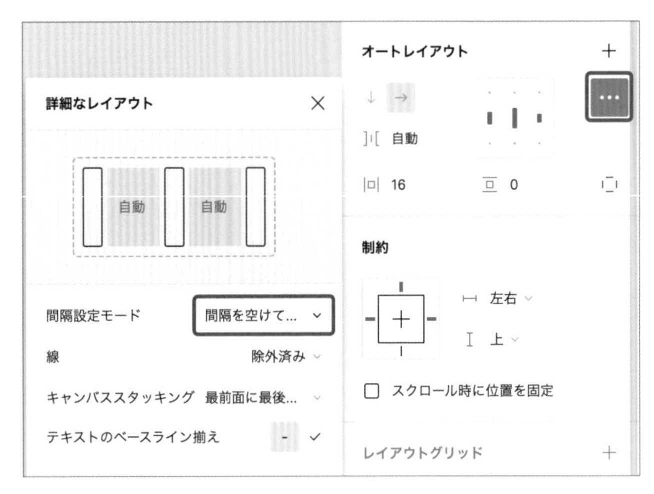

図3.18　ヘッダー全体のオートレイアウトの設定

図3.18の設定をしても、まだ見本とはちがう見た目になっているので、さらに手を加えます。虫眼鏡アイコンと画像が離れすぎているので、調整しましょう。
虫眼鏡と画像を両方選択し、再び**オートレイアウト**を適用します。

図3.19　虫眼鏡と画像のオートレイアウトの設定

このように、**オートレイアウト**は入れ子にして適用できます。
オートレイアウトは非常に便利な機能ですが、すべてのオブジェクトの距離を均一に調整します。そのため、ある箇所は余白を大きく、ある箇所は小さくとしたい場合は、図3.19のように入れ子の**オートレイアウト**を作る必要があります。
これでヘッダーの完成です。

図3.20　完成したヘッダー

ここでもまた、一旦作業をおいて**オートレイアウト**の便利さに触れてみましょう。
ヘッダーの横幅を変えてみてください。伸ばしても縮めても、ロゴは左端、アイコン類は右端をキープしているのがわかりますか。
間隔設定モードを**間隔を空けて配置**にしたことにより、左側にあるオブジェクトは常に左端に、右側にあるオブジェクトは常に右端に配置する挙動を実現できました。
1つヘッダーを作ったあと、サイズちがいのデータを作るときに、手動で微調整していては時間がかかってしまいます。実際の挙動をイメージしながら**オートレイアウト**を組んでおくと、スピードアップにつながります。

フッターを作成する

フッターを作ります。

図3.21　フッターの見本

まずは、[コピー用] **ページ**から、[ホーム]・[ベル]・[メール] のアイコンをコピーして、[作業用] **ページ**の [ホーム] **フレーム**にペーストしてください。

図3.22　ペーストしたアイコン

memo

Hint

短くしたヘッダー

ホーム

先ほど作ったヘッダー

ホーム

長くしたヘッダー

ホーム

ペーストできたら、[ホーム] のアイコンの色を [E02900] に設定します。ホーム画面にいる表現として「ホーム」アイコンの色を変えています。

表3.5　フッターの色の変更

右サイドバー	キャンバス
塗り E02900　100%	24 × 24

この状態で、ヘッダーのときと同様に**オートレイアウト**を適用します。ヘッダー作成のときは、**間隔を空けて配置**の設定を**詳細なレイアウト**ウィンドウから適用しましたが、ショートカットキーもあります。オートレイアウトパネルのうち、図3.23で示した部分をクリックしたあと、X を押すと**詰めて配置**と**間隔を空けて配置**が交互に切り替わります。

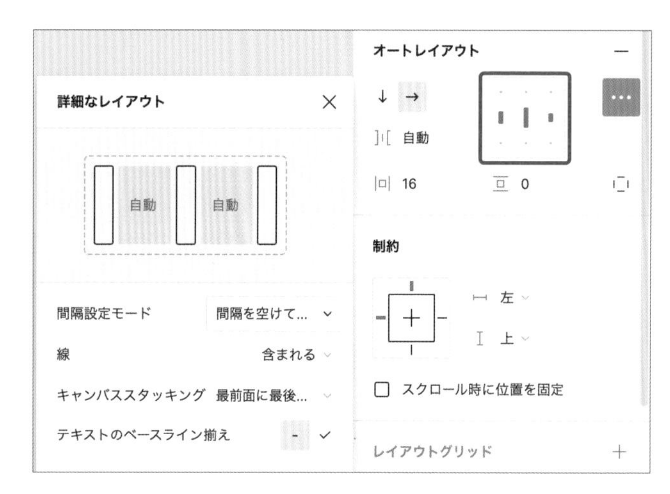

図3.23　フッターのオートレイアウトの設定

次に、**線**を追加します。右サイドバーの**線**セクションの＋をクリックすると、**線**が追加されます。

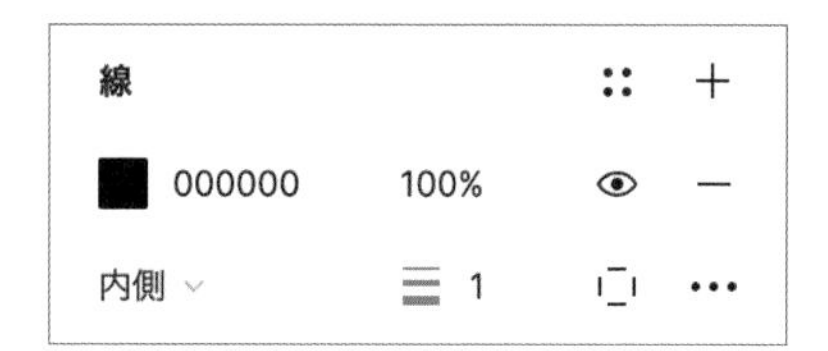

図3.24　線の初期設定

現状は四辺すべての線が引かれていますが、必要なのは上の辺だけなので、⬚をクリックしたあとに**上**を指定します【4】。

図3.25　上の辺だけに線を設定

適用できたら、**線**の色に［F3F3F3］を指定します。

これでフッターの完成です。ヘッダーと同様、幅を変えても等間隔にアイコンが配置されています。

「投稿」を作成する

次に、ひとつひとつの投稿を作ります。これまでのオブジェクトと比べると複雑に見えますが、順番に作っていくので大丈夫です。

表3.6　投稿の見た目のちがい

memo

【4】 カスタムでは、**上**+**下**、などが実現できます。

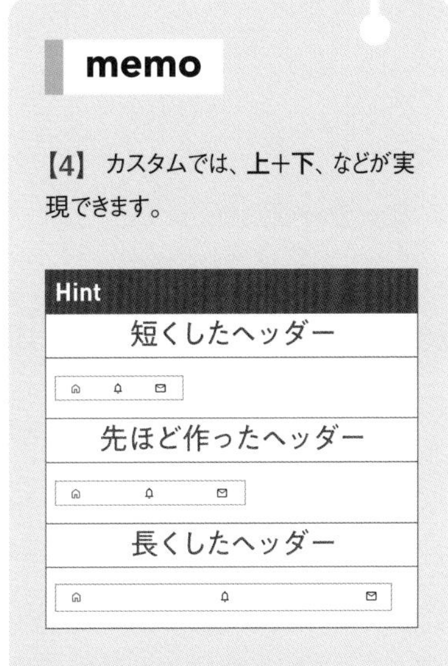

まずは、左側のデフォルトの投稿を作ります。一度よく見て、必要なオブジェクトを整理しましょう。

- **ユーザーアバター**
- **ユーザー名**
- **ユーザーID**
- **投稿時間**
- **本文**
- **アイコン4つ**

まずは、これらのオブジェクトを1つずつ作成し、おおよその位置にレイアウトします。[見本]**ページ**の[ホーム]**フレーム**にある[投稿]**フレーム**を参考に、書式設定や位置、色を設定してください。下部のアイコン4つは[コピー用]**ページ**の[吹き出し][シェア][ハート][メニュー]を使用します。

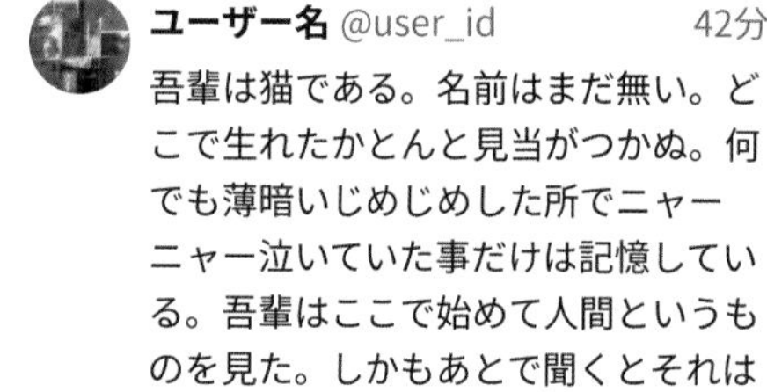
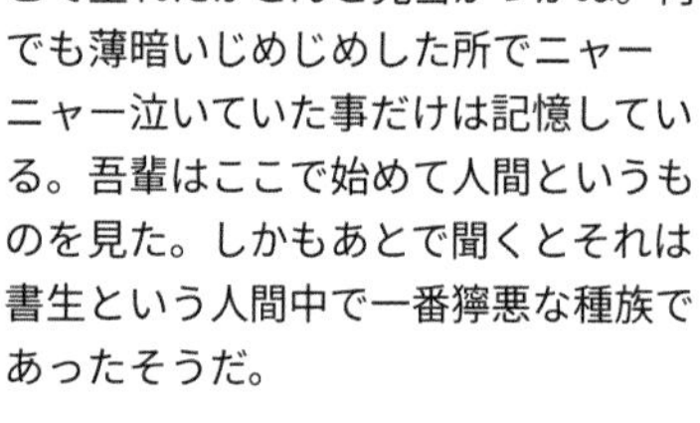

図3.26　オートレイアウトなしで作成した状態

ひとしきりのオブジェクトが配置できたら、これも順に**オートレイアウト**を適用していきます。
まずは、ユーザー名とユーザーIDを選択して、**オートレイアウト**を適用しましょう。

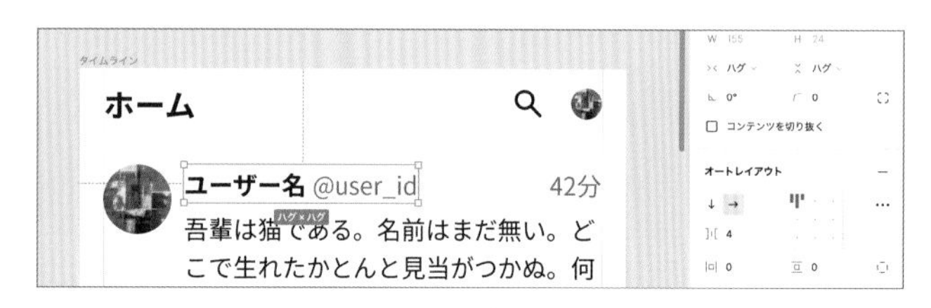

図3.27　ユーザー名とユーザーIDにオートレイアウトを適用

memo

Tips

Figmaを起点に作るデザイントークン

https://qiita.com/xrxoxcxox/items/c023c39d22e7feaf0c77

次に、今作ったオブジェクトと投稿時間を選択し、**オートレイアウト**を適用します。これまでにも何回か出てきてますが、**間隔を空けて配置**オプションを選ぶのに注意してください。

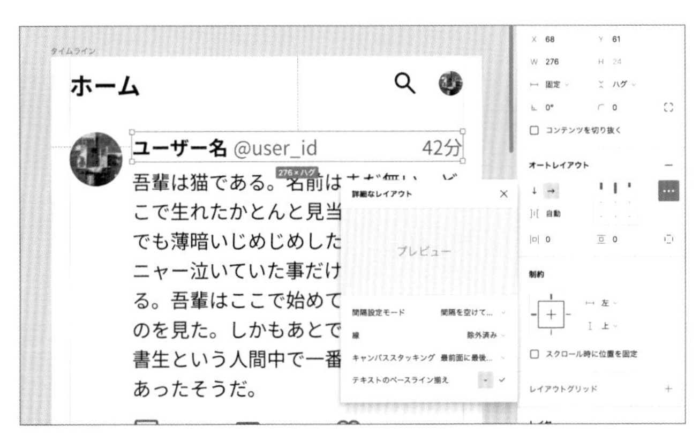

図3.28　先ほどのオブジェクトと投稿時間にオートレイアウトを適用

アイコン4つを選択して**オートレイアウト**を適用します。これも**間隔を空けて配置**オプションを選びます。

図3.29　アイコン4つにオートレイアウトを適用

さらに、これらのオブジェクトをすべて選択して、**オートレイアウト**を適用します。これまでは、水平方向に並べるときにしか**オートレイアウト**を使用していませんでしたが、今回のように垂直方向でも使えます【5】。

memo

【5】 ただし、執筆時点（2022年8月現在）では折り返しはできません。

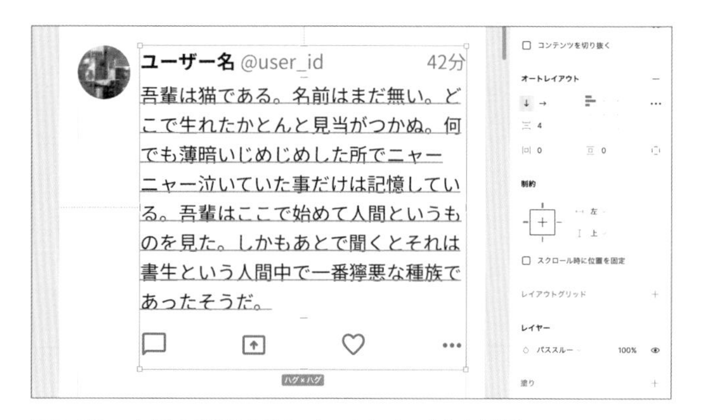

図3.30　右側の要素全体にオートレイアウトを適用

最後に、ユーザーアバターとの**オートレイアウト**を適用し、フッターのときと同様に上の辺に**線**を追加します。

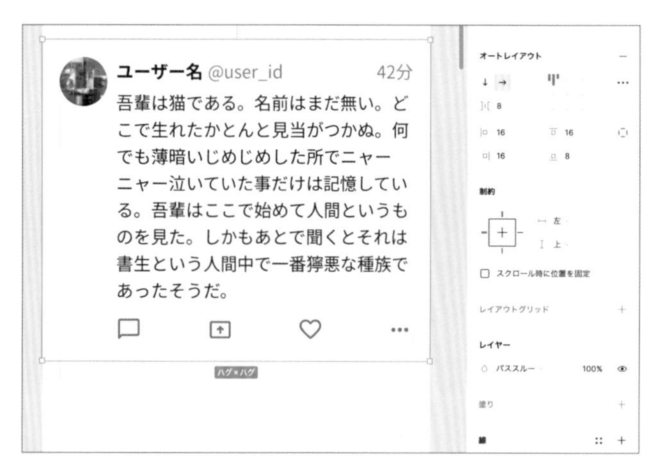

図3.31　オートレイアウトと線の設定をし、ほぼ完成した投稿

これでほぼ完成なのですが、この状態ではヘッダーやフッターとちがい、幅を変えても中のオブジェクトが追従しません。

memo

オートレイアウト

4

0

0

表3.7　サイズを変えたときの投稿の見た目

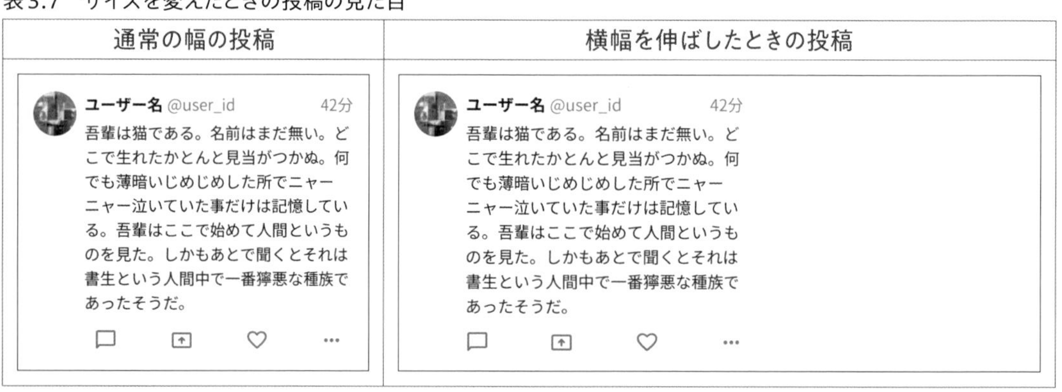

通常の幅の投稿	横幅を伸ばしたときの投稿
ユーザー名 @user_id 42分 吾輩は猫である。名前はまだ無い。どこで生れたかとんと見当がつかぬ。何でも薄暗いじめじめした所でニャーニャー泣いていた事だけは記憶している。吾輩はここで始めて人間というものを見た。しかもあとで聞くとそれは書生という人間中で一番獰悪な種族であったそうだ。	ユーザー名 @user_id 42分 吾輩は猫である。名前はまだ無い。どこで生れたかとんと見当がつかぬ。何でも薄暗いじめじめした所でニャーニャー泣いていた事だけは記憶している。吾輩はここで始めて人間というものを見た。しかもあとで聞くとそれは書生という人間中で一番獰悪な種族であったそうだ。

このままでは不便なのでもう一工夫加えます。幅を広げたままの状態で、投稿の右側のオブジェクトを選択し、右サイドバーのパネルの**ハグ**を**コンテナに合わせて拡大**[6]に変更します(表3.8)。さらに、子要素3つを選択し、**コンテナに合わせて拡大**を設定します。すると、広げた幅に合わせて中のオブジェクトが広がります(図3.32)。

> **memo**
>
> **【6】** オートレイアウトには、幅・高さともに**固定**、**コンテンツを内包(ハグ)**、**コンテナに合わせて拡大(拡大)**のオプションがあります。それぞれの細かな動作は、https://famous-strudel-dbff72.netlify.app/ で解説します。

表3.8　オートレイアウトの設定

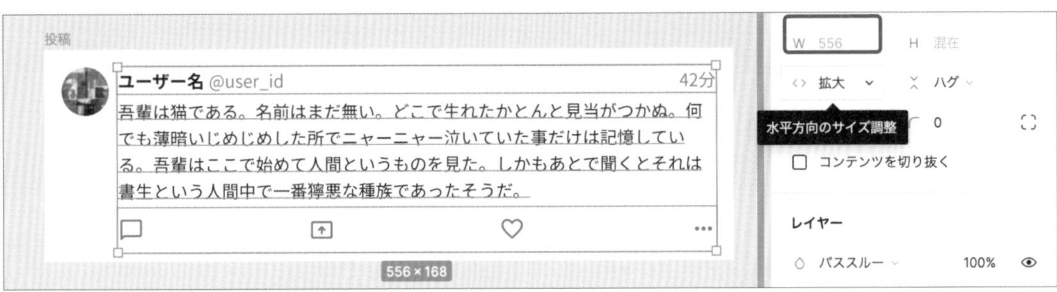

図3.32　親フレームの拡大に追従する子オブジェクト

これでデフォルト状態の投稿は完成です。

さらに、画像とともに投稿した場合のものも作成します。

まずは、先ほど作った投稿のインターフェースを複製しましょう。

長方形ツールを選択し、本文とアイコン４つの間あたりをクリックします。すると、２つのオブジェクトの間に新たに正方形が挿入されます【7】。

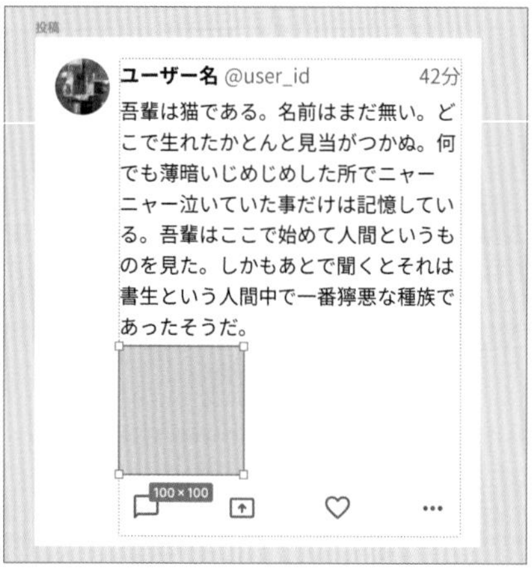

図3.33　オートレイアウトの中に長方形を追加

新たに挿入した正方形に**コンテナに合わせて拡大**を適用し、高さを［156］に変更します。

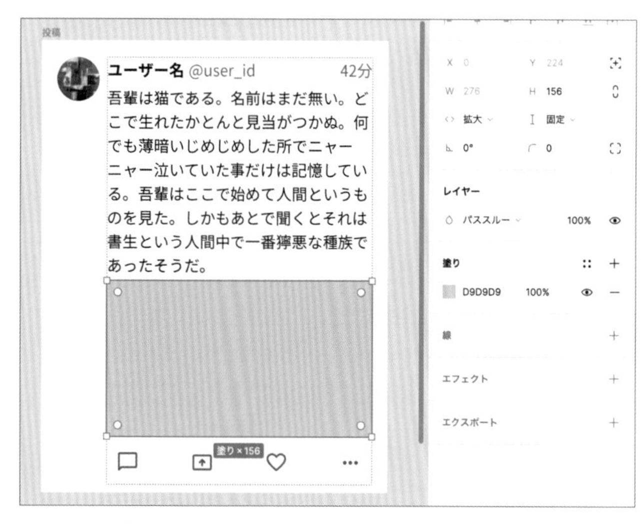

図3.34　追加した長方形のサイズ変更

その後、**角の半径**を［16］に、**塗り**を適当な画像に変更（もしくは見本のプロパティの貼り付け）します。先ほど**オートレイアウト**を適用しているため、別バージョンを作る作業はこれだけで完成です。

memo

【7】 もしもちがう位置に挿入されてしまったら、正方形を選択して矢印キーの上下を押して位置を変更します。

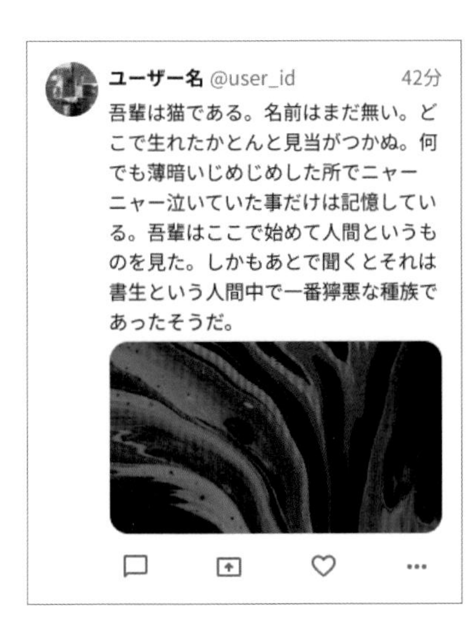

図3.35　画像があるバージョンの投稿

あとは、[見本] ページの [ホーム] フレームにあるように投稿を3つ並べます。そのとき**フレーム**の高さがたりなくなってしまうと思いますが、下の図のようにサイズの調整をしてください。

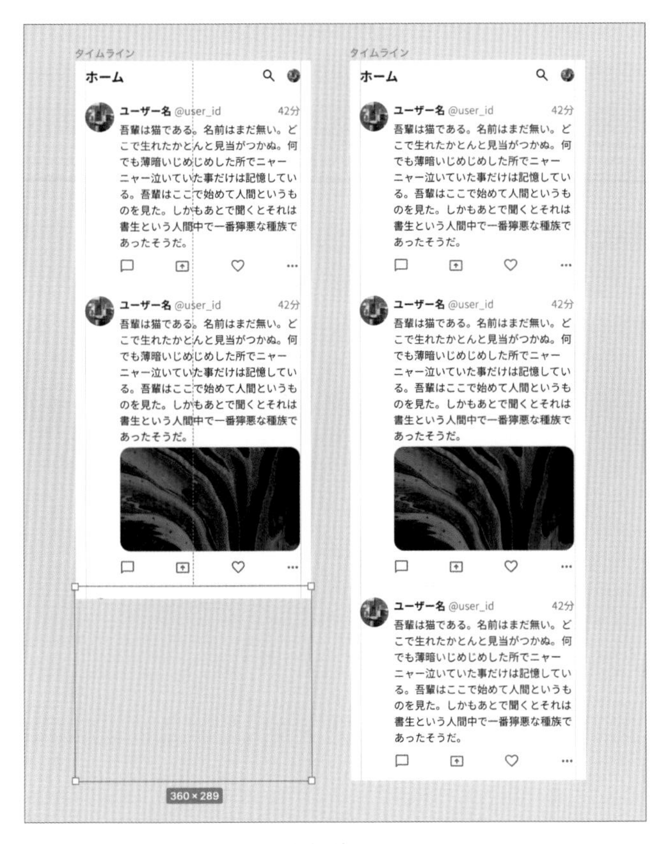

図3.36　画面内に並べられた投稿

memo

Tips
Figmaのファイル名
https://qiita.com/xrxoxcxox/items/b4a2c1fe423ca02f3b7f

このとき、手動で調整してもよいですが、**サイズ自動調整**を使うと楽です[8]。

図3.37　右サイドバーのサイズ自動調整

投稿ボタンを作成する

ホーム画面の最後の要素として、投稿ボタンを作ります。

図3.38　投稿ボタンの［見本］

［コピー用］**ページ**から［鉛筆］アイコンをコピーして、［作業用］**ページ**の［ホーム］**フレーム**を選択してペーストします。アイコンを選択したうえで**オートレイアウト**を適用し、図3.39の設定を適用します。

図3.39　投稿ボタンのオートレイアウトの設定

角の半径は［8］、**塗り**は［E02900］を指定したうえで、エフェクトをかけます。

memo

【8】 今回のようにフレームが小さい場合は拡大し、フレームが大きすぎる場合はぴったり収まるサイズに縮小します。

Keyboard Shortcut

サイズ自動調整	
macOS	option + shift + command + R
Windows	Alt + Shift + Ctrl + R

エフェクトには**インナーシャドウ**、**ドロップシャドウ**、**レイヤーブラー**、**背景のぼかし**の4種類があります。ここでは**ドロップシャドウ**について解説します【9】。

右サイドバーの**エフェクト**パネルの＋をクリックしたあと、**エフェクトの設定**を開き、図3.40のように数値を入力します。

memo

【9】 すべてのエフェクトについては、https://famous-strudel-dbff72.netlify.app/ にて解説しています。

column

オートレイアウトはこんなにたくさん必要？

UIデザインのチャプターに入ってから、**オートレイアウト**をよく使います。

これまであまりUIデザインに触れたことがない方からすると、オブジェクトをここまで数値で管理するのも不思議に思うかもしれません。

UIデザインでは次のような制約が多いため、**オートレイアウト**の機能が非常に便利です。

- ユーザーのデバイスのサイズが不明確
  - 例えば一口にスマートフォン向けのサイトやアプリといっても、iPhone SE（初代）では横幅320pt、iPhone 14 Pro Maxでは横幅430ptと、大きな差がある
  - あるデバイスサイズにだけ最適化されたインターフェースを作ってしまった場合、他のサイズに合わせるのが大変
- テキストの長さが不確実
  - 投稿の例でいえば、ユーザー名、ユーザーID、投稿時間、本文のテキスト、と大半のオブジェクトの文字数が不確実
  - 文字が入らなかったり、あるいは余ったりする
- 最終的にはコードで表現される
  - Figmaで作っているものはあくまで中間の成果物で、このままのデータをユーザーが使うわけではない
  - 余白やサイズにルールがないとコードで表現するのが途端に難しくなり、結果的に開発速度が低下する

実際、投稿のインターフェースに画像を追加するのは、**オートレイアウト**を適用しているので簡単でした。

余裕がある人は一度すべてのオートレイアウトを解除したうえで、同じ変更を加えてみてください（投稿をコピー&ペーストして、macOSであれば option + shift + A、Windowsであれば Alt + Shift + A を連打すればすべてのオートレイアウトが外れます）。おそらく、たったこれだけの変更なのに、位置調整が面倒だと感じるでしょう。

難しいとは思いますが、初心者のうちからこういった事情を考慮できると、スムーズな開発が可能です。

できるだけ**オートレイアウト**を使いながらデータを作るように意識してください。

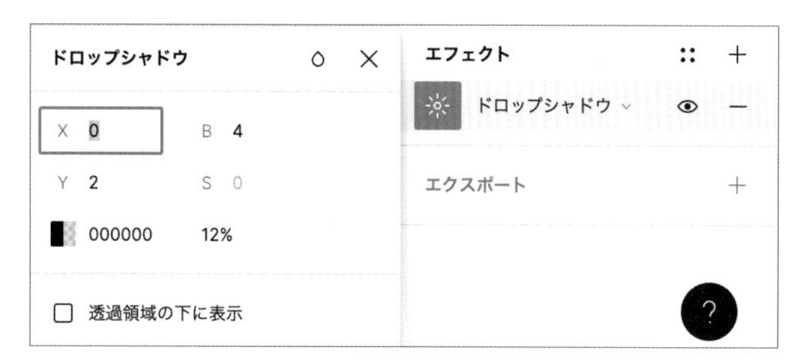

図3.40　ドロップシャドウの設定

これにより、投稿ボタンに影をつけることができました。

ホーム画面の確認

ここまで作成してきたパーツをすべて配置して、ホーム画面は完成です【10】。

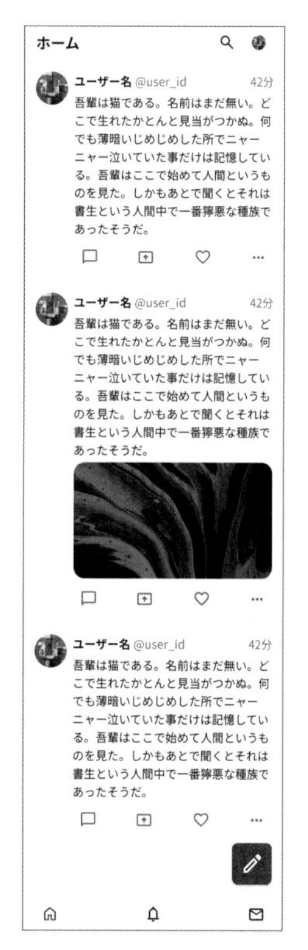

図3.41　完成したホーム画面

memo

【10】 見本のファイルとよく見比べて、ちがう箇所があったら直してください。
細かい話ですが、距離の測定の使用やプロパティパネルを見る練習として実施するとよいでしょう。

色や文字の設定を管理するスタイルの作成

次の画面の制作に行く前に、FigmaでUIデザインを作るうえで特に重要な機能について解説します。

まずは、**スタイル**です。UIを作るうえで、同じ色や文字の設定を使い回すことはよくあります。**スタイル**とは値や設定を管理できる機能です。これによって、コピー&ペーストなしに同じ色や文字の設定を使い回すことができます。

事実、これまで作ったログイン画面とホーム画面でも、次の色と文字を繰り返し使っています。

色

- 212121
- 6F6F6F
- F3F3F3
- E02900

文字

- Noto Sans JP Bold, サイズ20px, 行間140%
- Noto Sans JP Regular, サイズ16px, 行間150%
- Noto Sans JP Bold, サイズ16px, 行間150%

少ない画面だけであればコピー&ペーストでも運用できると思いますが、業務でUIを作るなら現実的ではありません[1]。

例えば、100画面制作したあとで「やはりメインカラーはE02900ではなく、青系統の色にしよう」と変更が行われたらどうでしょう。漏れなく探し出し、変更するのは骨が折れますよね。

このチャプターでも繰り返し使うものは**スタイル**に登録していきます。

memo

【1】 また、実際の業務では登録するスタイルの数も多く、100種類を超えることも珍しくありません。数が増えれば増えるほど、スタイル機能は役立ちます。

色スタイル

始めに、**色スタイル**を設定します。［ログイン］と［ホーム］の両方の**フレーム**を選択し、プロパティパネルに現れる**選択範囲の色**というセクションを確認します。その中に［E02900］という色があるので、**スタイル**をクリックします。

図3.42　選択範囲の色からスタイルを追加

開いたウィンドウの＋をクリックします。

図3.43　色スタイルを管理するウィンドウ

新たに出てくるモーダルウィンドウに名前を入れて**スタイルの作成**をクリックします。ここでは［メイン］という名前で保存しましょう。

図3.44　メインの色スタイルの登録

保存が完了すると、右サイドバーに登録された**スタイル**が表示されます[2]。

図3.45　登録された色スタイル

スタイルはあとからでも変更できます。試しに、**スタイルを編集**から色を変えてみてください。

図3.46　スタイルの編集

もともと［E02900］を適用していた箇所の色が変わります。

memo

【2】 オブジェクトを選択中には表示されません。画面内の何もない場所をクリックするか、Esc を押したあとに右サイドバーを確認してください。

図3.47　スタイルを編集したときの変化

このように、定義した1つのスタイルを変更するだけで、Figmaデータの全域に変更を適用できます。

なお、今回は試しに変更してみただけなので、確認ができたら色を戻してください。

新たに作ったオブジェクトに[メイン]カラーを適用することもできます。試しに適当な四角形を配置してください。その四角形を選択し、プロパティパネルの**塗り**セクションの**スタイル**をクリックします。すると、先ほど登録した[メイン]が表示されているのでそれを選べばOKです。

図3.48　登録したスタイルを他のオブジェクトに適用する

スタイルはグループにまとめることもできます。
先ほどと同様に、[ログイン]と[ホーム]の**フレーム**を選び、[F3F3F3]を[グレー/ライト]、[6F6F6F]を[グレー/ミディアム]、[212121]を[グレー/ダーク]の名前で登録してください。

新しい色のスタイルを作成
グレー/ダーク
キャンセル
スタイルの作成

図3.49　グレー形の色スタイルの登録

すべて完了したら、プロパティパネルの**色スタイル**一覧を確認してください。**グレー**がグルーピングされ、その下の階層に**ライト**、**ミディアム**、**ダーク**、が存在しているはずです。

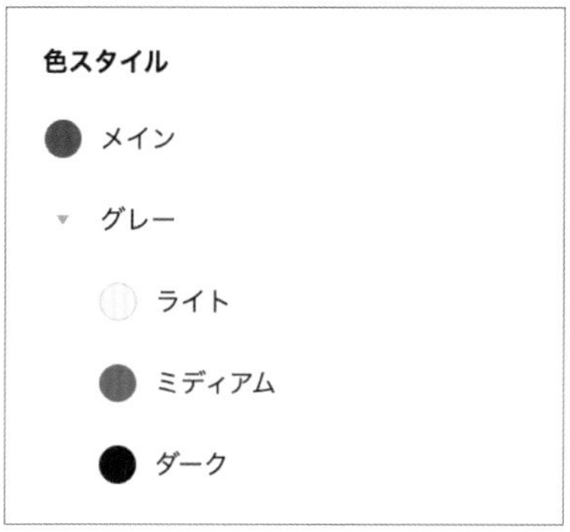

色スタイル
メイン
グレー
ライト
ミディアム
ダーク

図3.50　スタイルのグルーピング

このように、[/]区切りで名前をつけることで**スタイル**をグルーピングできます[3]。これは**色スタイル**だけでなく、次の項で紹介する紹介する**テキストスタイル**や**エフェクトスタイル**、**グリッドスタイル**でも同様です。この他、単色以外にもグラデーションや画像も**色スタイル**として登録が可能です。
ヘッダーや[投稿]オブジェクトのユーザーアバターをコピー&ペーストで作っています。これも**スタイル**化してしまいましょう。画像の場合は**選択範囲の色**に出てこないので、すべてのアバターを直接選択します。

memo

【3】グルーピングは1階層だけでなく、何階層でも作成できます。

図3.51　ユーザーアバターの選択

あとは**塗り**セクションから同様に登録します。

図3.52　画像を色スタイルに登録

このようによく使う画像も**色スタイル**に登録しておくことで、毎回ダミー画像を探す手間が省けます。

テキストスタイル

テキストスタイルも、考え方は**色スタイル**と同様です。
まずは、ヘッダーにある[ホーム]の文字を選択して、プロパティパネルのテキストセクションから**スタイル**をクリックします。

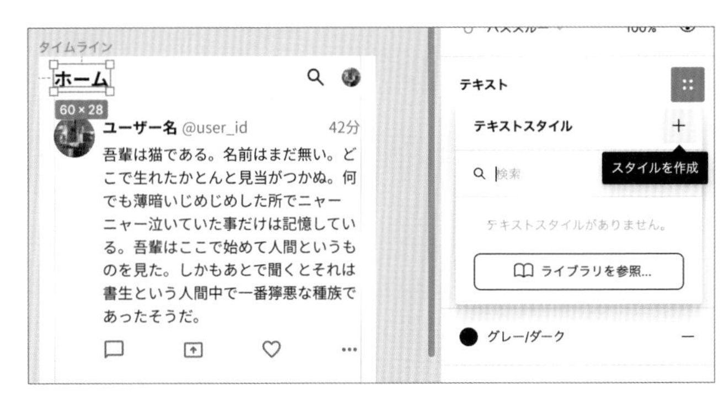

図3.53　テキストスタイルの作成

＋をクリックし、新たに出てくるモーダルウィンドウに名前を入れて**スタイルの作成**をします。ここでは[L/太字]と名付けます(このあとSサイズとMサイズを作ります)。

新しいテキストのスタイルを作成
L/太字
キャンセル　スタイルの作成

図3.54　L/太字のテキストスタイルの登録

次に、[投稿]内のユーザー名をすべて選択して、**スタイル**を登録します。こちらは[M/太字]と名付けます。
それから、ユーザー名の隣にあるユーザーIDを選び、**スタイル**を登録します。こちらは[M/ノーマル]と名付けます。
フォントの太さや行間など、値が1つでもちがえば別の**スタイル**として登録する必要があります。

memo

Hint
値が1つでも違えば別のスタイルとして登録できる

表3.9　テキストスタイルの登録

M/太字	M/ノーマル

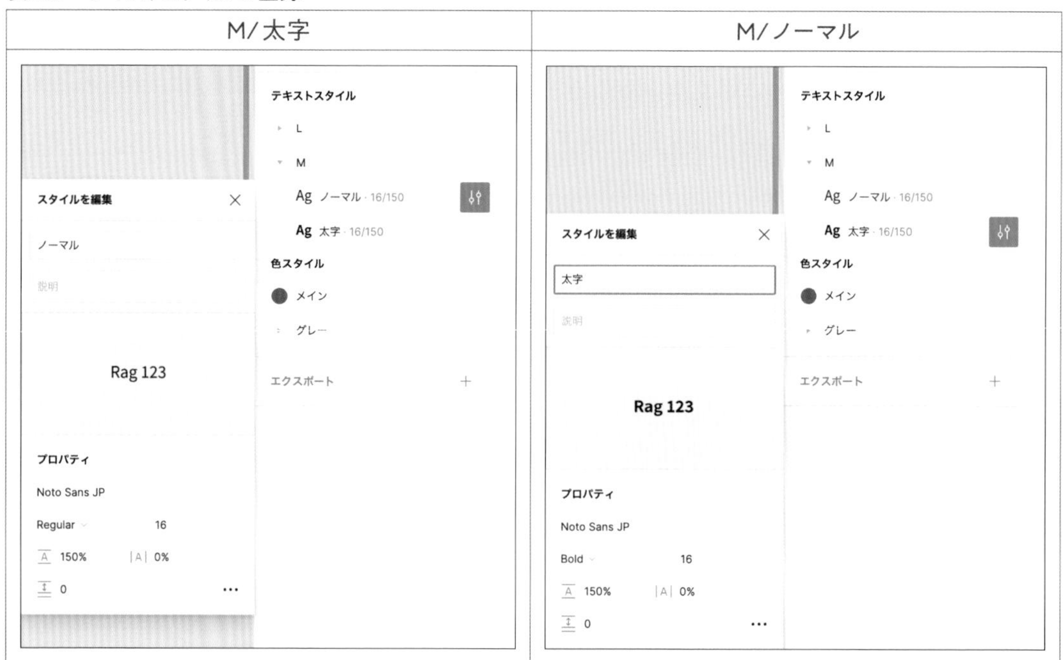

ホーム画面で使っているのはこの3種類だけですが、先回りして[S]も作っておきましょう。画面のどこか適当な箇所にテキストを配置して、図3.55の設定を適用します。

図3.55　S/ノーマルに該当するオブジェクトの作成

適用できたら[S/ノーマル]と名付けて**スタイル**を登録します。

図3.56　S/ノーマルのテキストスタイルの登録

エフェクトスタイル

登録の仕方はこれまでと同じです。

投稿ボタンを選択し、右サイドバーのプロパティパネルのエフェクトセクションから**スタイル**をクリックし、登録します。

ここでは**ドロップシャドウ**という名前で保存しましょう。

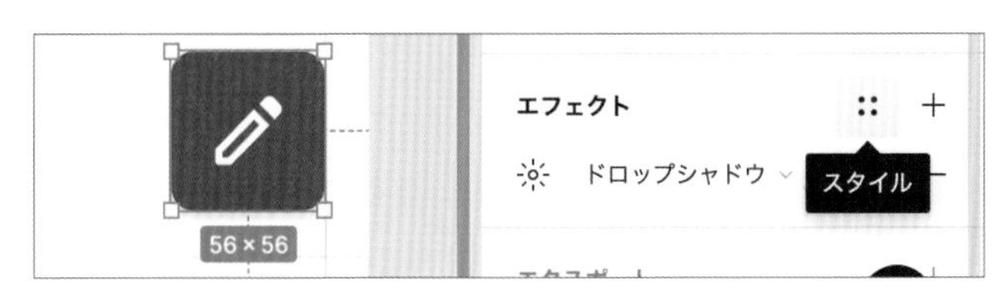

図3.57　エフェクトスタイルの登録

memo

Hint

今回は使いませんが、[S/太字]や[L/ノーマル]も、練習がてら登録してみるのもよいでしょう。

グリッドスタイル

登録の仕方はこれまでと同じです。
[ホーム] **フレーム**を選択し、プロパティパネルのレイアウトグリッドセクションから**スタイル**をクリックし、登録します【4】。
ここでは**左右マージン**という名前で保存しましょう。

memo

【4】 このとき、もしグリッドを非表示にしていた場合は、表示してから作業を行いましょう。

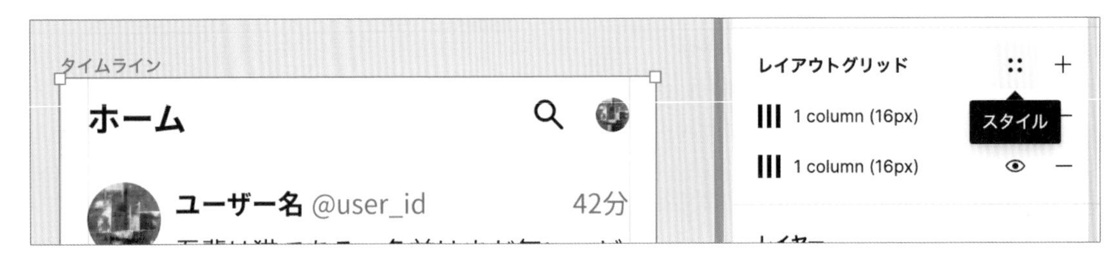

図3.58　グリッドスタイルの登録

column

スタイルはいつ登録する？

便利な**スタイル**ですが、いつ登録するのがよいか、迷う方も多いようです。
たしかに、UIデータの制作に取りかかった時点では、まだ何をどれだけ使うかは未知数でしょう。
いろいろな考え方があると思いますが、著者はかなり早い段階から色もテキストも**スタイル**に登録してしまいます。新しいオブジェクトを作ったらとりあえず**スタイル**に登録しておいて、全体の完成が見えたら統合したり消したりして整理します。たくさんのオブジェクトをあとから手作業ですべて修正するほうが大変、というスタンスです。消すのも増やすのも自由にできるのが**スタイル**のよい点です。
最初から完璧にデータを作りきろうと思わず、**スタイル**登録とUIデータ作成を行ったり来たりしながら進めることをおすすめします。

UIパーツを再利用するコンポーネントの作成

スタイルの登録が完了したら、**コンポーネント**を作成します。
コンポーネントとは、何度も使い回すようなUIパーツの再利用性を高める機能です。**スタイル**と似ているように感じるかもしれませんが、**スタイル**はカラーコードやフォントなど、あくまでそれ単体では目に見えないもの（設定に使う数値など）を登録するイメージです。
例えば**メイン**として登録した［E02900］の色も、四角形や文字に色を適用して初めて目に見えるようになります。対して**コンポーネント**は、ボタンや入力フォームなどそれ自体が意味や役割を持ち、目に見えるものを登録するイメージです。
スタイルと**コンポーネント**の両方を使ってこそ価値が高まるので、**コンポーネント**も登録していきます。

アイコンのコンポーネント化

まずは、アイコンを**コンポーネント**化します。［コピー用］ページにあるアカウントアイコンを選択して、ツールバーにある**コンポーネントの作成**をクリックします。

図3.59　コンポーネントの作成

memo

Keyboard Shortcut	
コンポーネントの作成	
macOS	option + command + K
Windows	Alt + Ctrl + K

すると、キャンバス上でもレイヤーパネル上でも、❖のマーク+紫の文字色に表示が変わります。

図3.60　コンポーネント化されたアイコン

同様に、アイコンすべてを**コンポーネント**化してきますが、1つ1つ実行していると手間がかかります。この場合はアイコンをすべて選択し、ツールバーから**複数コンポーネントの作成**を選びます。

図3.61　複数コンポーネントの作成

すると、一度にすべてのアイコンが**コンポーネント**化されます。

図3.62　一度にコンポーネント化されたアイコン群

さらに、このアイコンを画面内の適当な場所に複製してみましょう。ここではアカウントアイコンを複製します。すると今度はレイヤーパネルの表示が、◇に変わります。

図3.63　インスタンスのアイコン

❖のアイコンのものは**メインコンポーネント**といい、◇のアイコンのものは**インスタンス**といいます。**メインコンポーネント**を変更するとすべての**インスタンス**に適用されますが、**インスタンス**に変更を加えても（特別な操作をしない限り）、**メインコンポーネント**には影響がありません。

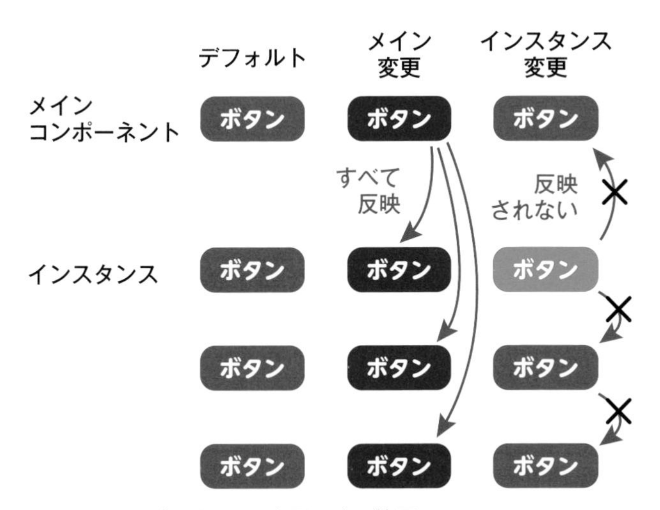

図3.64　コンポーネントの変更の適用範囲

もし単にコピー＆ペーストでアイコンを配置していて、あとから変更になったら、すべてを目視で探し出して置き換える必要があります。**コンポーネント**を使えばその心配はなくなり、**メインコンポーネント**のアップデートをするだけで済みます。

また、**コンポーネント**も**スタイル**と同様に命名の仕方でグルーピングができます。すべてのアイコンを選択したうえで、左サイドバー上で右クリックをし、**名前を変更**を選択します。

memo

Tips
Figmaの豆知識
https://qiita.com/xrxoxcxox/items/cd27f7384793d2896f47

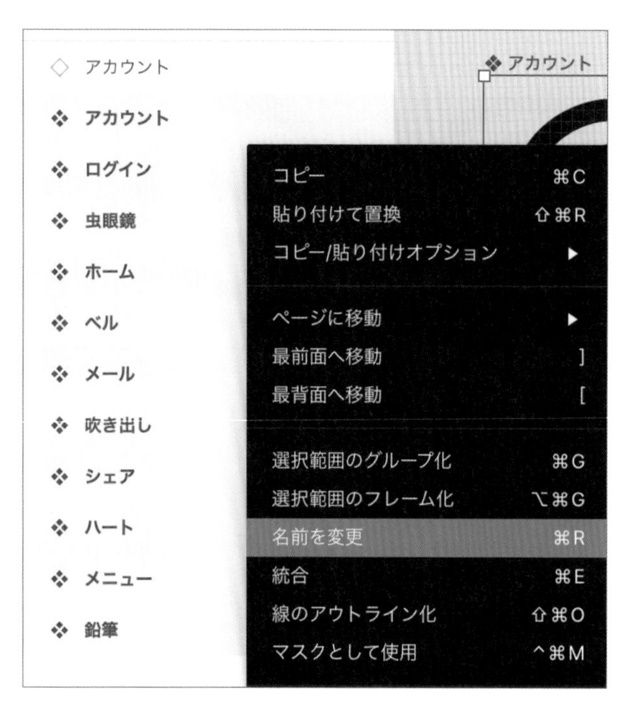

図3.65　複数のレイヤーの名前の変更

出現するモーダルウィンドウに見本のように入力して**名前を変更**をクリックすると、一括でレイヤー名を変更できます【1】。

図3.66　コンポーネントをグルーピングするための命名

実行したあとにレイヤー名が図3.67のようになっていればOKです。

memo

【1】［$&］の書式は覚える必要はなく、**現在の名前**をクリックすれば自動で入力されます。また、正規表現を使用できます。

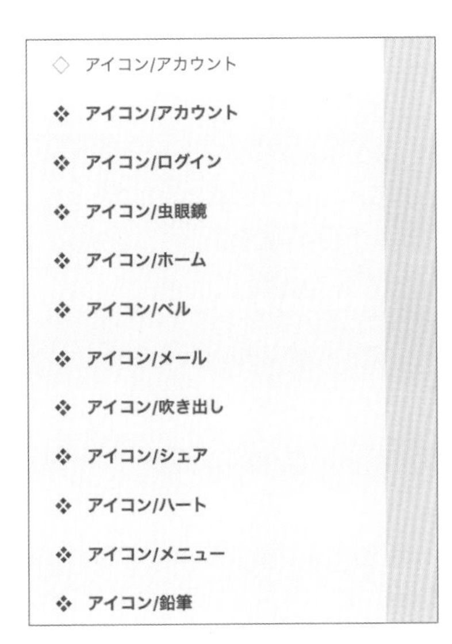

図3.67　リネームが完了したアイコン群

この状態で、先ほど作成したアカウントアイコンの**インスタンス**を選択すると、右サイドバーにメニューが出現します。展開すると、作成したアイコンの**コンポーネント**がグループになっています。この状態で別のアイコンを選択すると、入れ替えることができます【2】。

図3.68　インスタンスのスワップ

memo

【2】 コンポーネントもスタイルと同様に、何階層もグループを作成できます。

ボタンのコンポーネント化

アイコンと同様に、ボタンを**コンポーネント**化します。お好みで、コラム「メインコンポーネント専用ページの作成」に書いたように**コンポーネント専用ページ**へ移動してください。
まずは、[ログイン] 画面に配置してあるものを複製し、テキスト内容を [ボタン] に揃えておきます【3】。

memo

【3】 のちのち繰り返して使うための設定です。

column

メインコンポーネント専用ページの作成

Figmaの機能というよりは具体的なテクニックの話ですが、**メインコンポーネント**だけを集めたページを作っておくと管理がしやすいです。作業用の**ページ**に**メインコンポーネント**があると、意図せず変更を加えてしまう危険性があり、データ全域に影響が出てしまうかもしれないからです。

それを避けるために、**ページ**を新規作成し、**メインコンポーネント**はすべてそこに配置しておくとよいでしょう。作業用の**ページ**には**インスタンス**だけを配置するということです。
このとき、**メインコンポーネント**上で右クリックをして**ページに移動**を選択すると、好きな**ページ**に配置し直すことができて便利です。

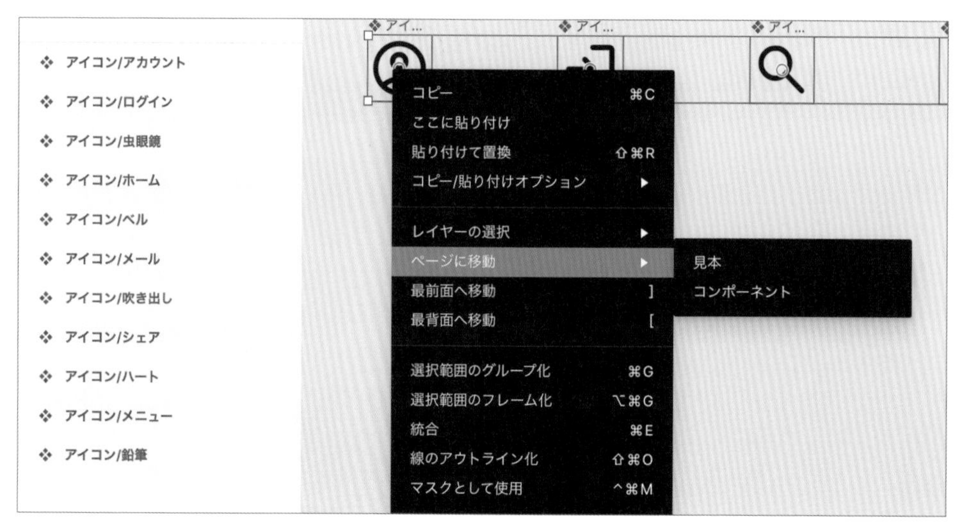

図3.69　ページに移動

図3.70　ボタンのコンポーネント化の準備

ボタンの中で使っているアイコンは、先ほど作成した**コンポーネント**に置き換えておきましょう。「アカウント / アイコン」の**コンポーネント**をコピーし、ボタンの中のアイコンを両方選択し、右クリックをして**貼り付けて置換**を選択します。

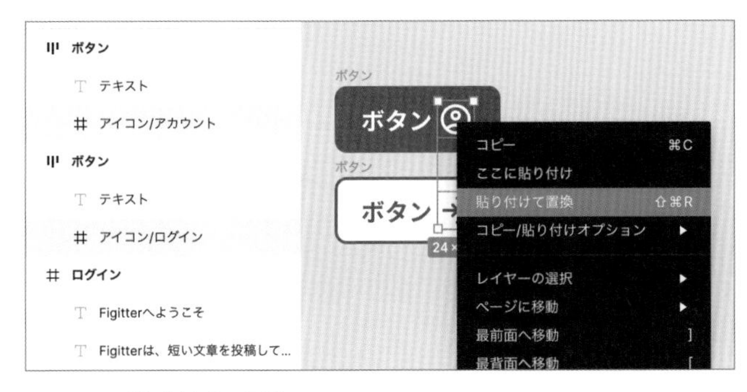

図3.71　貼り付けて置換

置き換えたことにより、ちゃんとアイコンが**インスタンス**になっています。色はもともとの色（[FFFFFF] と [E02900]）に戻してください。

memo

Keyboard Shortcut

貼り付けて置換	
macOS	shift + command + R
Windows	Shift + Ctrl + R

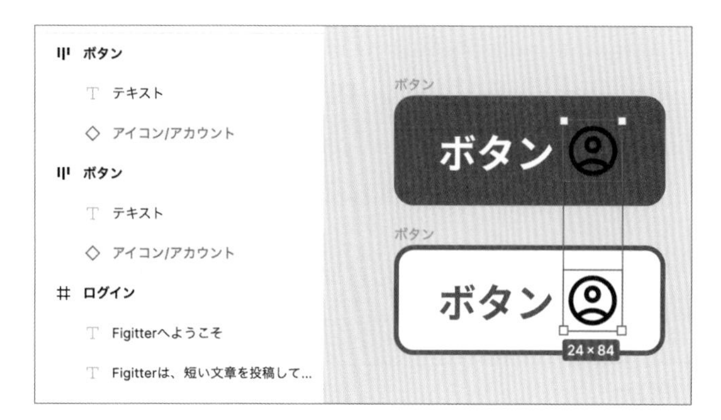

図3.72　コンポーネント化したアイコンと入れ替え

その後、両方のボタンオブジェクトを選択して**コンポーネント**化します。このとき、右サイドバーに**バリアントとして結合**[4]というメニューが表示されるので、クリックします。

図3.73　ボタンのコンポーネント化

バリアントとして結合したときは、**コンポーネント**の周りに紫の点線が表示されます。作成した直後は「**一部のバリアントに同じプロパティ値が適用されています。**」といったアラート文が出ていると思いますが、問題ありません。

memo

【4】 複数のコンポーネントの状態をひとつにまとめて管理する機能のことです。

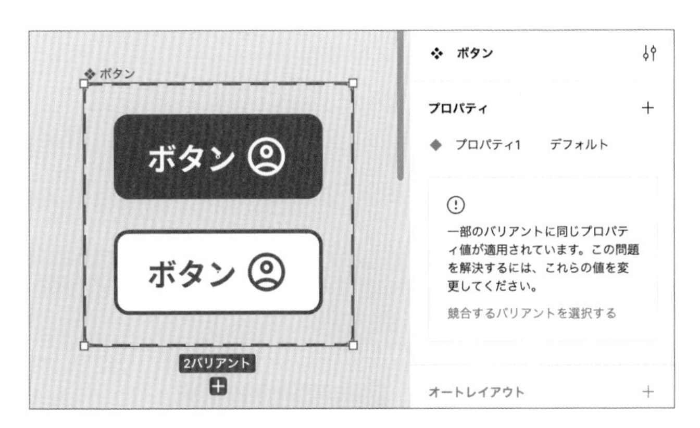

図3.74 バリアントとして結合したボタン

バリアントプロパティの編集を開き、名前を[種類]に変えましょう【5】。

図3.75 バリアントプロパティの編集

その後、それぞれのバリエーションを選択し、[塗り]、[線]と入力します。オブジェクトを選択するようなUIに見えますが、直接テキストを打ち込んで登録できます。

表3.10 ボタンの種類

塗りのボタン	線のボタン

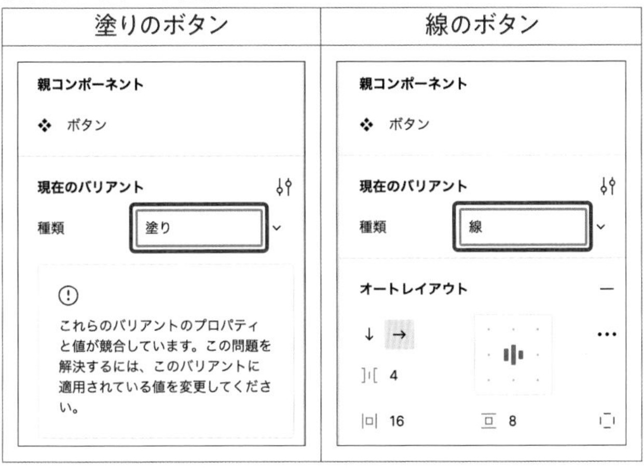

memo

【5】 バリアント名を英語にしておくと、その後の実装フェーズで楽になります。今回は解説の都合上日本語にしていますが、可能であれば英語で命名してください。

ここまでできた状態でボタンのインスタンスを作成すると、先ほどまでとはプロパティパネルの表示がちがうはずです。**コンポーネント**名の下に［種類］という名前のセレクトボックスがあるはずです。展開すると、まさしく今登録した2種類が選択肢として表示されているでしょう。

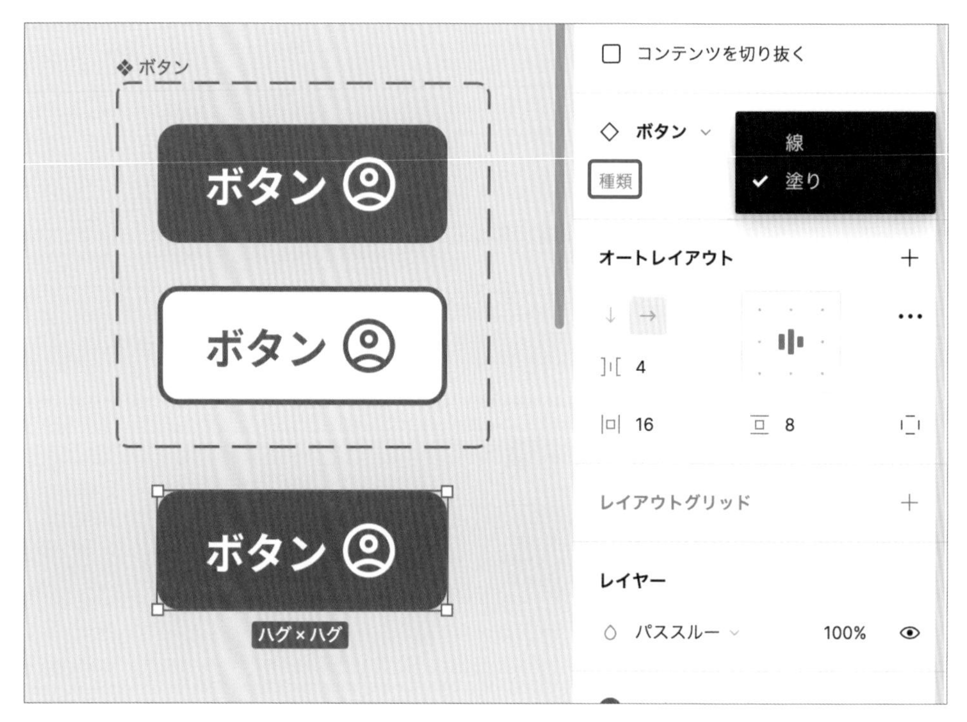

図3.76　バリアント化されたボタンコンポーネント

これにより、1つの**コンポーネント**でさまざまな状態を表せるようになりました。ボタンの中のアイコンを選択することで、アカウント以外のアイコンにも変えられるため、かなり自由度が高いです。
このように、作成したコンポーネントを既存のボタンに**貼り付けて置換**しましょう。

ヘッダーのコンポーネント化

ヘッダーも**コンポーネント**化します。お好みで、コラム「メインコンポーネント専用ページの作成」に書いたように**コンポーネント**専用**ページ**へ移動してください。
ヘッダーは通知画面とDM画面でも使うので、**メインコンポーネント**の［ホーム］の文字列を［見出しのテキスト］に変えましょう。

図3.77　ヘッダーのコンポーネント化

[ホーム] **フレーム**にあるヘッダーに**貼り付けて置換**して、改めて[見出しのテキスト]を[ホーム]に変えます。

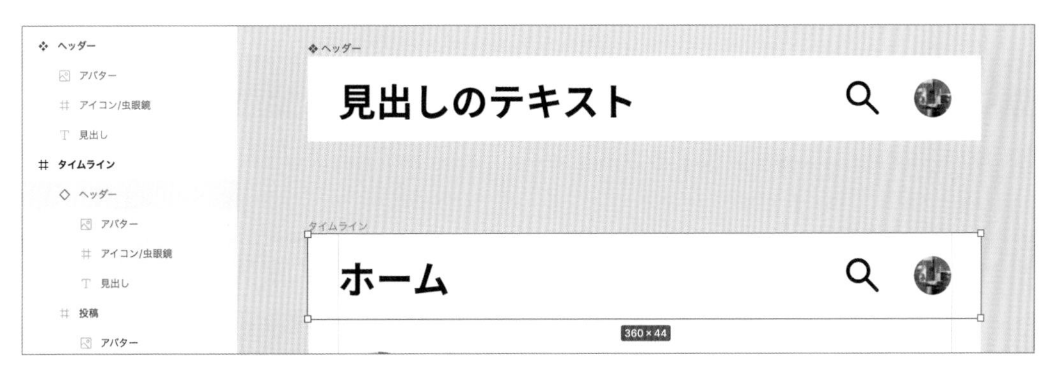

図3.78　ヘッダーのインスタンスの配置

column

複数のバリアント

ボタンの解説では1種類の**バリアント**にのみ焦点を当てましたが、実はいくらでも増やすことができます。
例えば図3.79のように作成した場合、[塗りかつホバー状態かつ小サイズ]といった表現が可能です。
増やしすぎても管理が難しくなるので線引きが難しいですが、よく使うバリエーションがあれば上手く**バリアント**に組み込めないか、考えてみる価値はあるはずです。

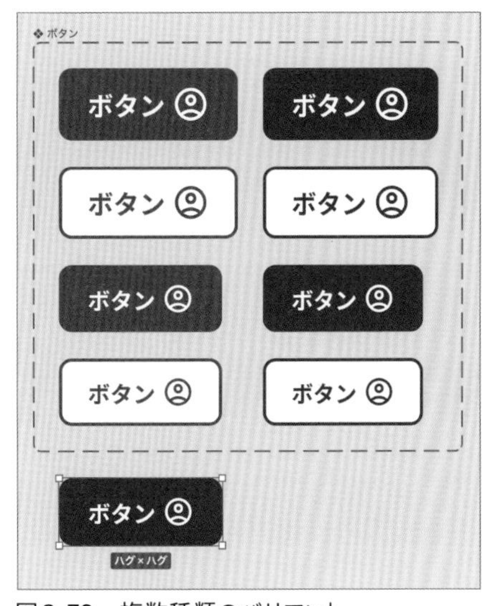

図3.79　複数種類のバリアント

先ほどのボタンもそうでしたが、**メインコンポーネント**にはプレースホルダー的な内容を準備しておき、**インスタンス**ではそれぞれの場所に適した内容で上書きするのがよいです。これは、テキスト内容に限らず、色や幅などすべてのプロパティで同じです。

memo

Keyboard Shortcut	
リソース	
macOS	shift + I
Windows	Shift + I

投稿ボタンのコンポーネント化

ここまでと同じように進めます。お好みで、コラム「メインコンポーネント専用ページの作成」に書いたように**コンポーネント**専用**ページ**へ移動してください。

ちなみにインスタンスの配置にも複数のやり方があります。

- **ここまでで実施していたようにメインコンポーネントをコピー&ペーストする方法**
- **サイドバーのアセットパネルからドラッグ&ドロップする方法**
- **ツールバーのリソースから選択する方法**

表3.11　インスタンスの配置

配置される**コンポーネント**の挙動に変わりはないので、お好みの方法を選んでください。

フッターのコンポーネント化

現状のフッターは、[ホーム]アイコンがアクティブになっています。

図3.80　ホーム画面で作成したフッター

先ほど2種類のボタンを**コンポーネント**化して**バリアント**を適用したように、[通知]アイコンやメールアイコンがアクティブなバージョンの**コンポーネント**を作成しましょう。
ここで、少しちがうやり方を紹介します。
まずは、作成した[フッター]を**コンポーネント**化し、そのうえで2つ複製します。

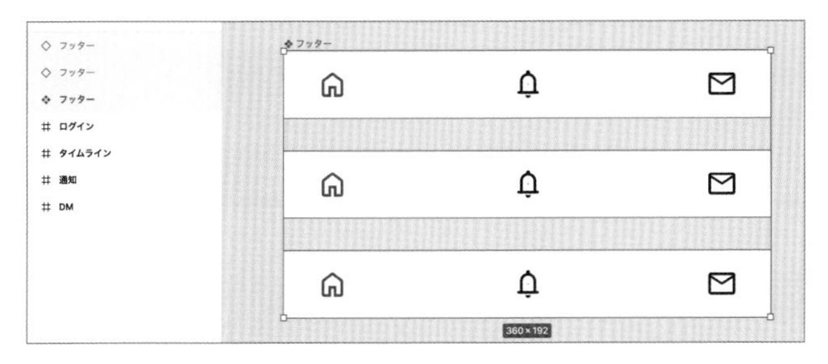

図3.81　フッターのコンポーネント化と複製

複製したものを選択して、右サイドバーの**インスタンスオプション**から**インスタンスの切り離し**を実行します。**コンポーネント**はプロパティの上書きができますが、ものによってはできないものもあります。そういった場合などには、この**インスタンスの切り離し**という操作が必要になります。

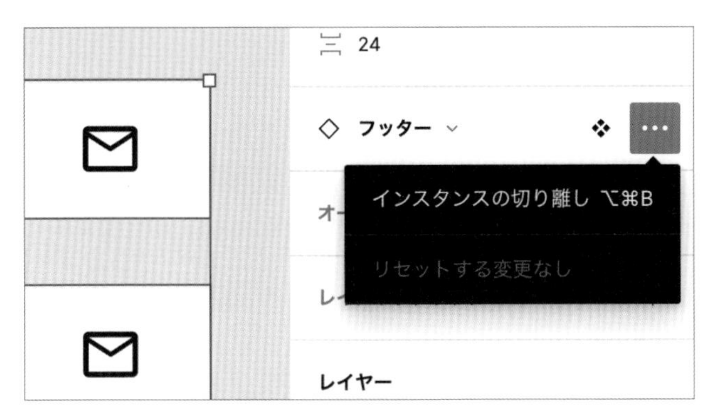

図3.82　インスタンスの切り離し

memo

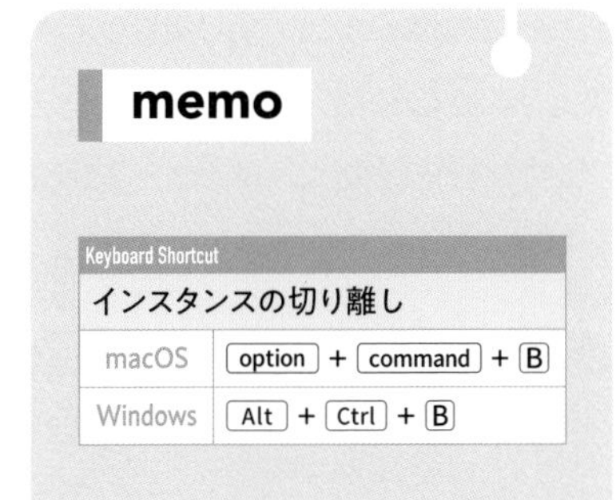

Keyboard Shortcut

インスタンスの切り離し	
macOS	option + command + B
Windows	Alt + Ctrl + B

2つとも**インスタンスの切り離し**ができたら、図3.83のように色を変え、改めて**コンポーネント**化します。上手くできていれば、3つのフッターすべてが**メインコンポーネント**となっているはずです【6】。

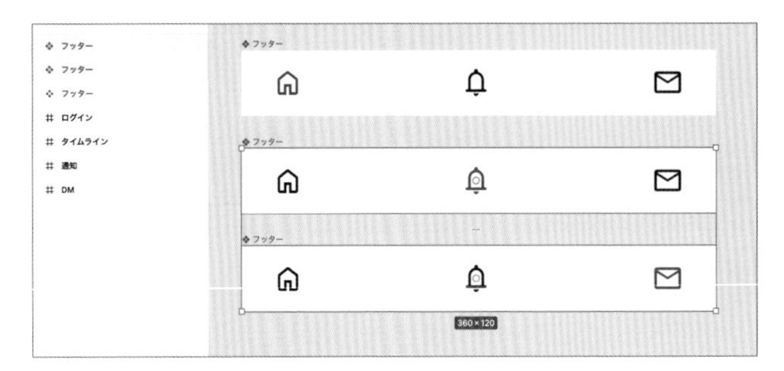

図3.83　3種類のメインコンポーネント

あとは3つすべてを選択し、右サイドバーの**コンポーネント**セクションから**バリアントとして結合**をクリックし、ボタンのときと同様に**バリアント**の設定をします。**バリアント**プロパティの編集を開き、名前を［アクティブ］に変えましょう。その後、それぞれのバリエーションを選択し、値を［ホーム］［通知］［DM］とします。

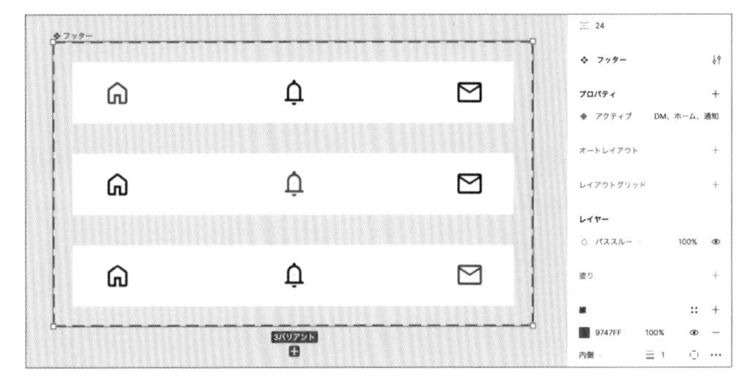

図3.84　フッターのバリアント化

現状はホームのものしか使っていませんが、このあとの画面作成で通知とDMのものも使用します。

memo

【6】 インスタンスはバリアント化できないため、このように一度メインコンポーネント化する必要があります。

「投稿」のコンポーネント化

[ホーム]画面最後の**コンポーネント**として、投稿を作成します。フッターと同じように**バリアント**でも作れるのですが、ここでは**コンポーネントプロパティ**を用いる方法を紹介します。
現在、投稿には画像なしのものと画像ありのものが2種類あります。これらのちがいは画像の有無だけなので、1種類の**コンポーネント**で表現します。

図3.85　投稿の見本

まず、画像ありバージョンの投稿をコンポーネント化します。

図3.86　投稿のコンポーネント化

それができたら、画像を選択し、プロパティパネルのレイヤーパネルから**ブール値プロパティを作成**[7]を選択します。

memo

【7】ブール値とは、True／Falseで表せるデータのことです。

図3.87　ブール値プロパティを適用

すると**コンポーネントプロパティを作成**というモーダルウィンドウが開くので、図3.88のように入力します。

図3.88　画像を表示プロパティを作成

この状態で［投稿］コンポーネントのインスタンスを作成すると、プロパティパネルに**画像を表示**という名前のトグルボタンが出現します。これをオンオフ切り替えることで、画像の表示／非表示を切り替えられるようになりました。

表3.12　コンポーネントプロパティのオン/オフ

トグルをオンにした状態	トグルをオフにした状態
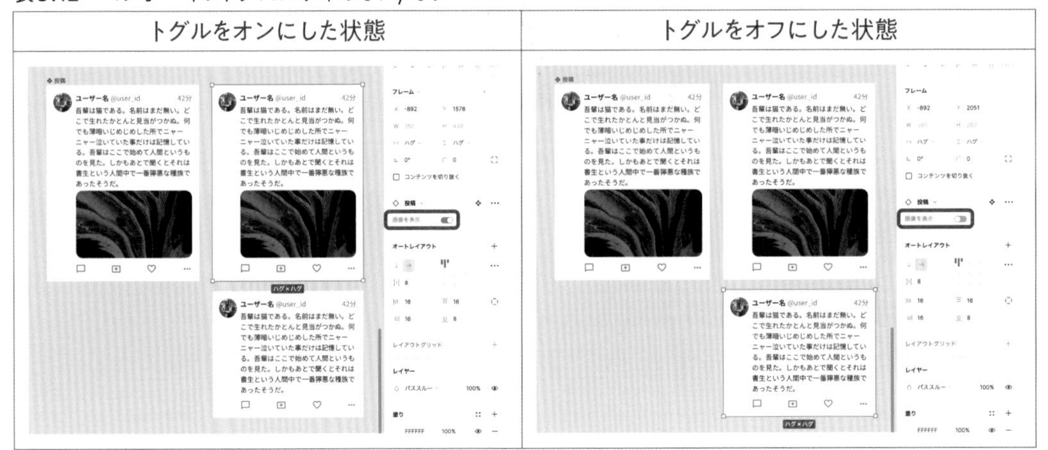	

また、ブール値プロパティ以外に、テキストプロパティも存在します。

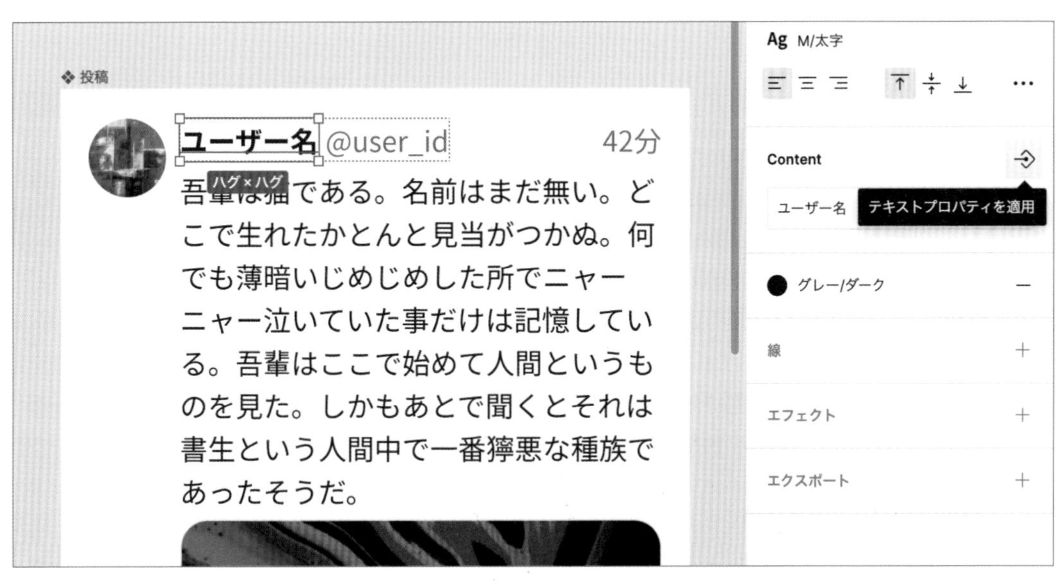

図3.89　テキストプロパティを適用

名前にはなんの値を変更するかを入力し、**値**には初期値を入力します。

コンポーネントプロパティを作成

名前	ユーザー名
値	ユーザー名

プロパティを作成

図3.90　ユーザー名プロパティを作成

ユーザー名以外にも、ユーザーIDと投稿時間、本文にも設定し、最後は図3.91のようになります。

図3.91　複数のプロパティを適用し終えた投稿コンポーネント

この状態で**インスタンス**を作成すると、図3.92のように右サイドバーから**コンポーネント**内の文章を編集できます。

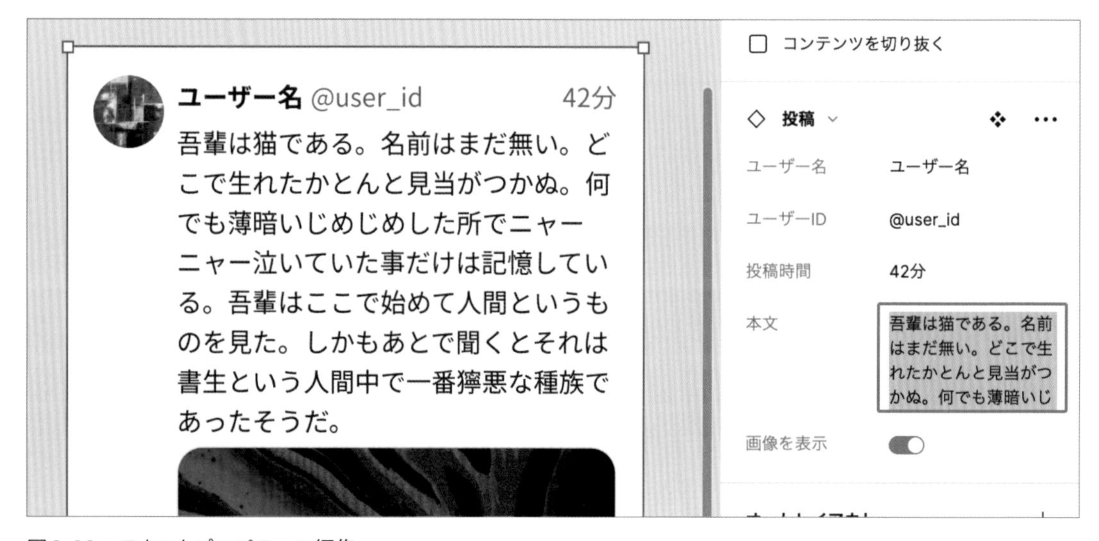

図3.92　テキストプロパティの編集

投稿の**コンポーネント**化は以上です。もともとのホーム画面では３つの［投稿］を並べていたので、すべてを**インスタンス**に置き換えておきましょう。
これで、**コンポーネント**作成とホーム画面のアップデートは完成です。

memo

Tips
Figmaで幅や高さを0にした要素を作っても内部的には0ではない
https://qiita.com/xrxoxcxox/items/f6a18bfc292848c5b78a

通知画面を作成する

作成した**スタイル**や**コンポーネント**を活かしながら、通知画面を作っていきましょう。

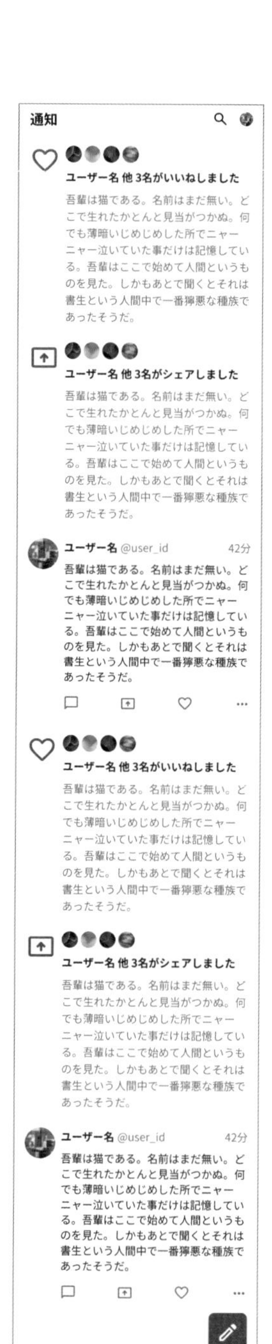

図3.93
通知画面の完成形

フレームを作成する

ホーム画面のときと同様、**フレーム**ツールからAndroid（**大**）を作成します。
フレームの名前は［通知］に変えておきましょう。
今回は画面が縦に長くなるので、今のうちに**フレーム**を縦に伸ばしておきます。だいたい2000pxくらいまで伸ばしておけばOKです[1]。

レイアウトグリッドの適用

先ほど作成したレイアウトグリッドを適用します。プロパティパネルのレイアウトグリッドセクションから**スタイル**を選び、候補に出てくる**左右マージン**を選択します。

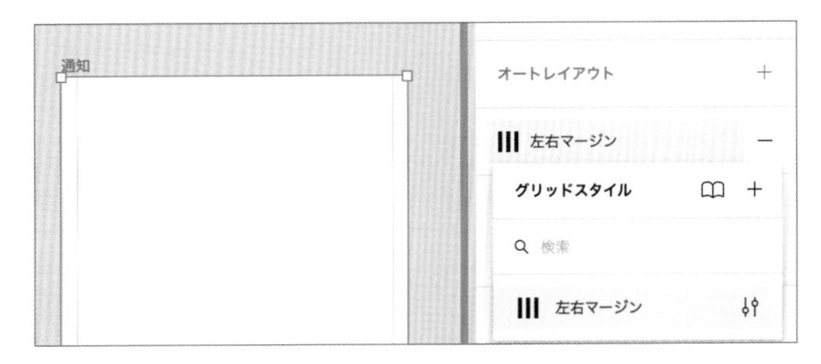

図3.94　グリッドスタイルの適用

作成済みコンポーネントの配置

［ホーム］**フレーム**からヘッダー、フッター、投稿ボタンを選択しコピーしたあと、［通知］フレームを選択しペーストします。これで、同じ位置に3つのコンポーネントが配置されます。
ヘッダーの見出しが［ホーム］になっているので、**テキスト**ツールで［通知］に変えます。
また、フッターの**バリアント**も［通知］に変えておいてください（図3.95）。
フッターと投稿ボタンはフレームに対して上の方に配置されすぎているので、下端に移動させておきましょう（図3.96）。このとき、通常のままだと**フレーム**のサイズを変えるたびにフッターと投稿ボタンを再配置する手間が発生します。そのため**制約**の設定をします。これは、対象のオブジェクトが親**フレーム**のどこを基準に移動・拡大縮小するかを決めるものです。

memo

【1】 サイズが大きすぎるぶんには、あとからサイズ自動調整すれば問題ありません。「おおよそこれくらいあればオブジェクトが入りきるだろう」で設定すれば大丈夫です。

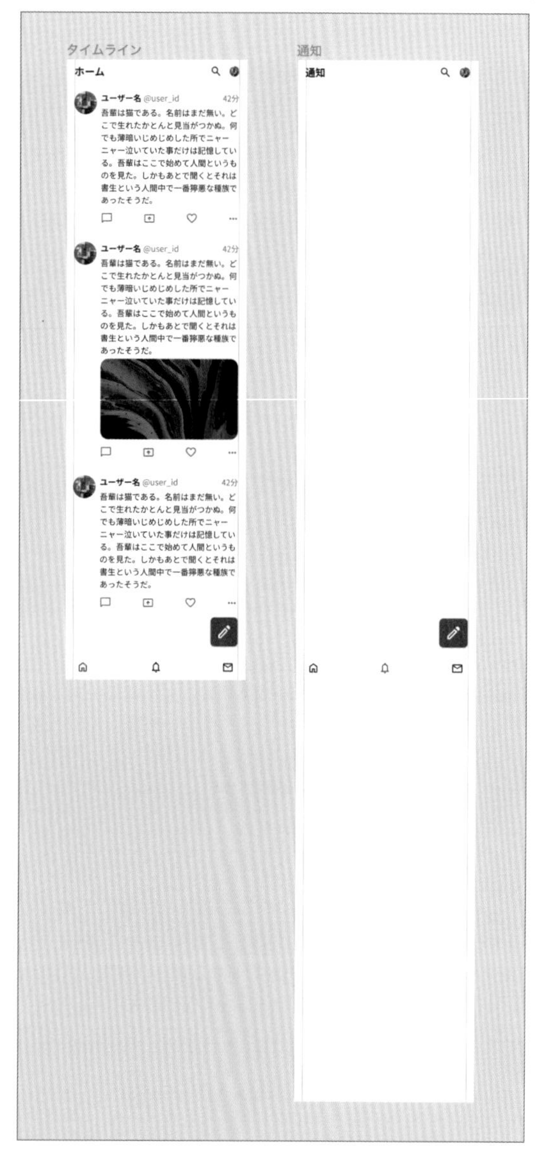

図3.95　ヘッダー・フッター・投稿ボタンの配置

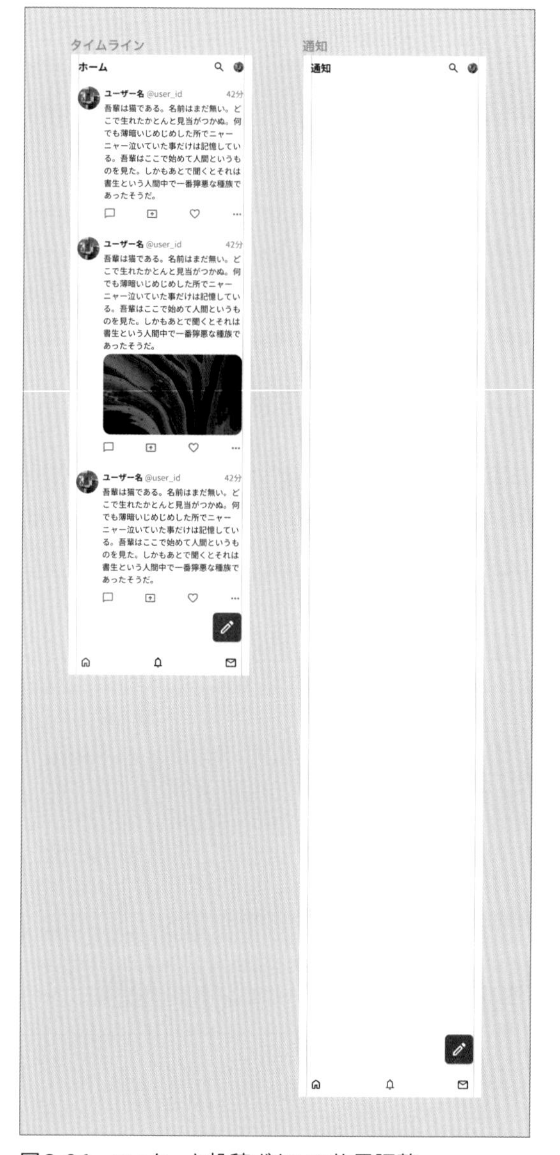

図3.96　フッターと投稿ボタンの位置調整

フッターは下端に位置して左端から右端まで伸び、投稿ボタンは常に右下に位置するため、表3.13のように設定します[2]。

memo

【2】 制約における具体的な設定は、https://famous-strudel-dbff72.netlify.app/にて解説しています。今はまず見本を参考にして、「フレームを変形するときにフッターや投稿ボタンが下部に追従してくる」状態になればゴールです。

表3.13

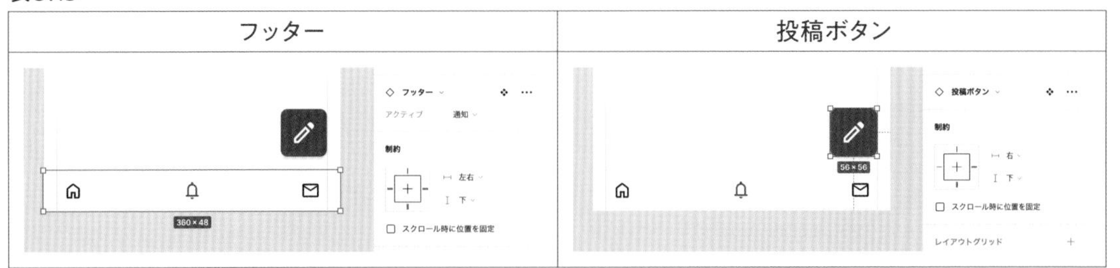

この状態で、試しに［通知］の**フレーム**の幅や高さを変更してみてください。しっかりと追従するはずです。確認できたらもとのサイズに戻しておいてください。

通知UIを作成する

新しいオブジェクトとして［通知］を作成します。

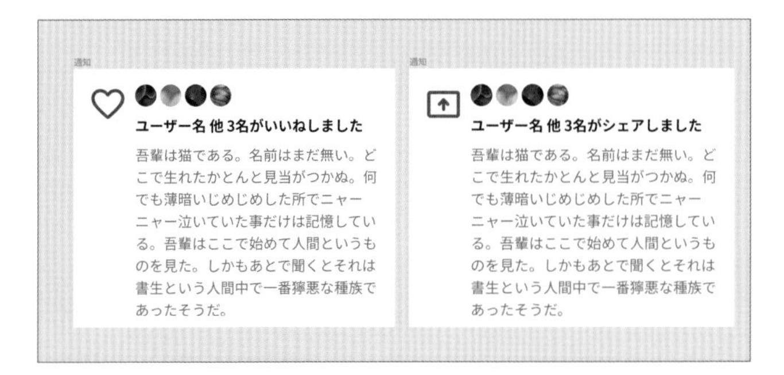

図3.97　通知UIの見本

［投稿］を作ったときと同様に、オブジェクトを整理します。

- **アイコン（ハート または シェア）**
- **［通知］もとのアカウントのアバター画像一覧**
- **本文**

これらのオブジェクトを1つずつ作成し、おおよその位置にレイアウトします。［見本］のサイズや色、書式設定を参考にしてください。
アイコンは［コピー用］**ページ**の［ハート］と［シェア］を使用します。
［通知］もとのアカウントのアイコン一覧は、手元の写真をあてはめるか、［見本］のファイルから**プロパティのコピー**と**プロパティの貼り付け**を実行します。
テキストは［投稿］で使用したものとほぼ同じなので、複製して色を［グレー／ダーク］から［グレー／ミディアム］に変えましょう。
ひとしきりのオブジェクトが配置できたら、これも順に**オートレイア**

memo

Tips

AIによる画像生成

https://qiita.com/xrxoxcxox/items/87c02c0a2f8166e1535d

ウトを適用していきます。

まずは、通知もとのアカウントのアバター画像一覧に適用します。

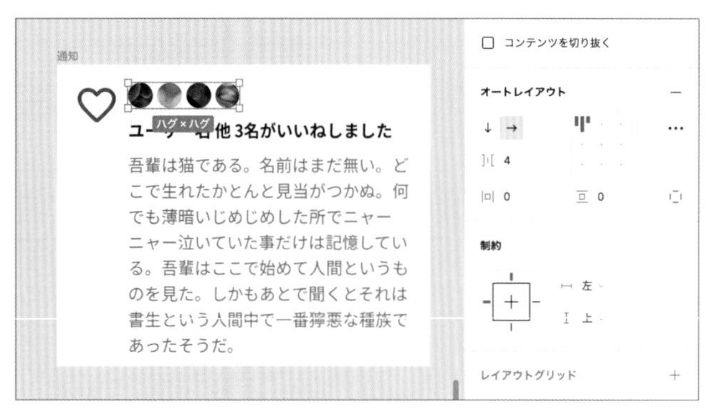

図3.98　ユーザーアバターへのオートレイアウトの適用

次に、アイコン画像とタイトル、本文に**オートレイアウト**を適用します。

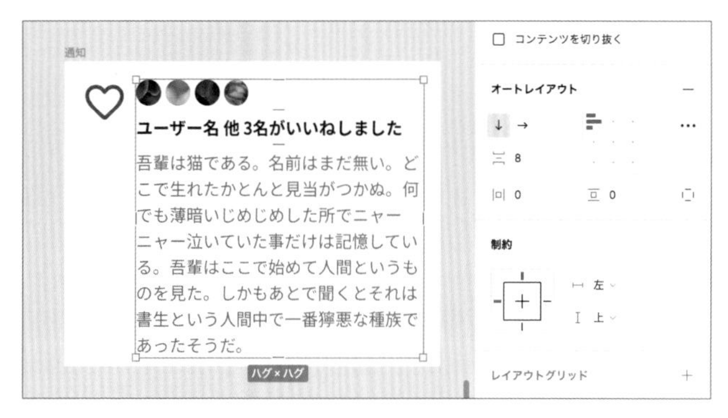

図3.99　右側のオブジェクトへのオートレイアウトの適用

最後に、[通知] 全体に**オートレイアウト**を適用します。

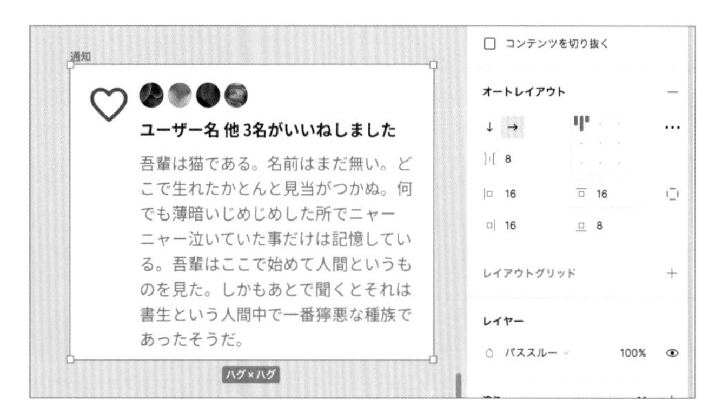

図3.100　全体へのオートレイアウトの適用

memo

こうしてできあがったものを複製し、[いいね]を[シェア]に**貼り付けて置換**して両方の種類の[通知]が完成しました。
あとは細かい設定として、投稿を作ったときと同様に**コンテナに合わせて拡大**を適用して、サイズの可変に対応させましょう。

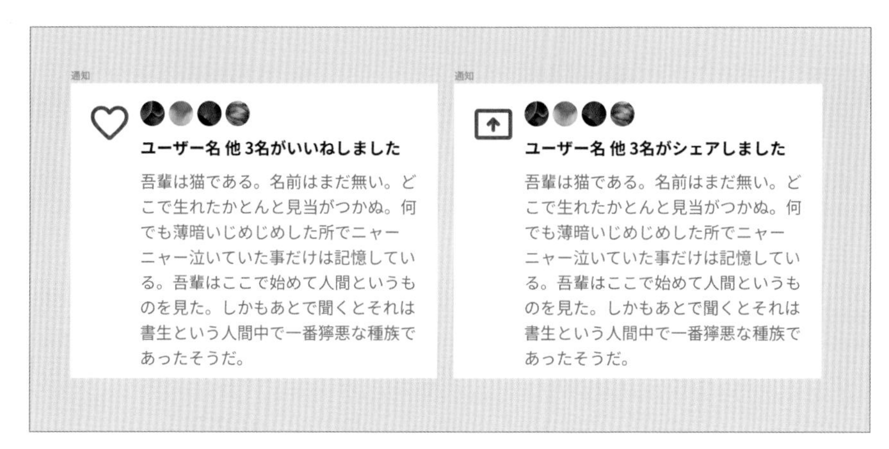

図3.101　いいね通知をもとにシェア通知も作成

次に、2つともを選択したうえで**複数コンポーネントの作成**を選び、図3.102のように**バリアント**設定をしましょう。

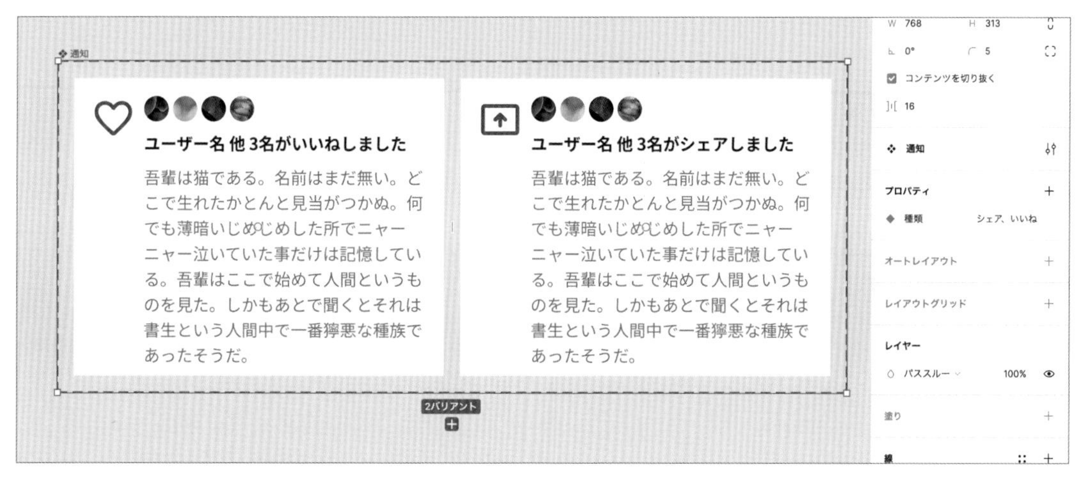

図3.102　バリアントとして結合

あとは、[投稿]の**コンポーネント**も交えながら複製して配置すれば、通知画面の完成です。
コンポーネントの作成は始めこそ時間がかかりますが、2回目以降に使用するときはこのように非常に時間を短縮できます。

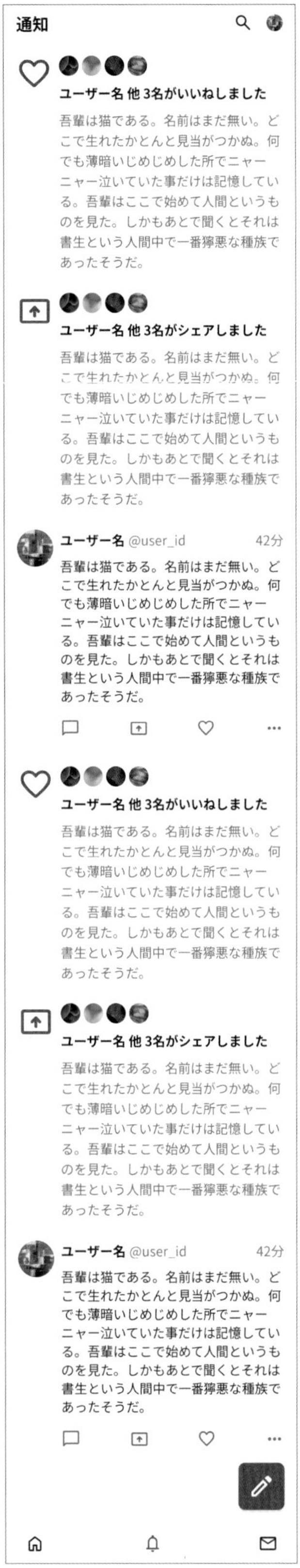

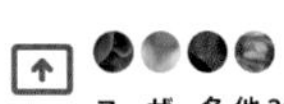

図 3.103
完成した通知画面

DM画面を作成する

これまでと同様にして
DM画面を作成します。

図3.104
DM画面の完成形

フレームの作成・レイアウトグリッドの適用・作成済みコンポーネントの配置

[通知] 画面と同様に設定します。ヘッダーの見出しは [DM] にします。

図3.105　ヘッダー・フッター・投稿ボタンの配置

DMのUIを作成する

新しいオブジェクトとして、DM一覧の1つ1つのインターフェースを作成します。

ユーザー名 @user_id 42分
吾輩は猫である。名前はまだ無い。…

図3.106 DMの見本

といっても、すでに作成した［投稿］をもとに作成すればOKです。まずは、［投稿］のインスタンスを用意し、**インスタンスの切り離し**を実行します。そのうえで、画像とフッターを削除します。

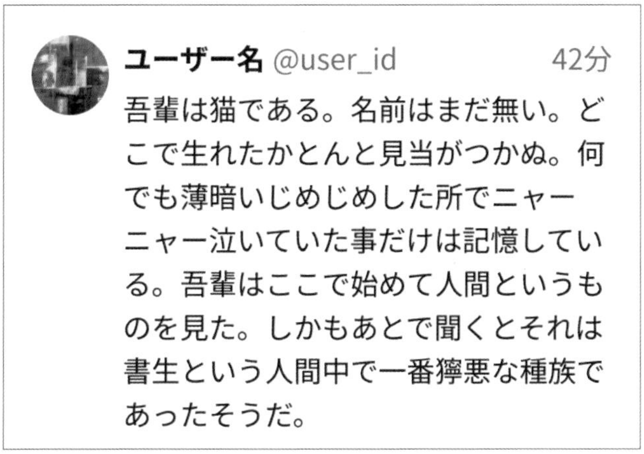

ユーザー名 @user_id 42分
吾輩は猫である。名前はまだ無い。どこで生れたかとんと見当がつかぬ。何でも薄暗いじめじめした所でニャーニャー泣いていた事だけは記憶している。吾輩はここで始めて人間というものを見た。しかもあとで聞くとそれは書生という人間中で一番獰悪な種族であったそうだ。

図3.107 投稿をベースにしたDMのインターフェース

次に、テキストを1行分の高さである24px[1]に縮め、**タイプの設定**ウィンドウより**サイズ変更**の**テキストを切り捨てる**を選びます。これにより、テキスト量が多いときは［…］で省略されることを表現できます。

表3.14 テキストを切り捨てる設定

テキストを切り捨てる前	テキストを切り捨てたあと

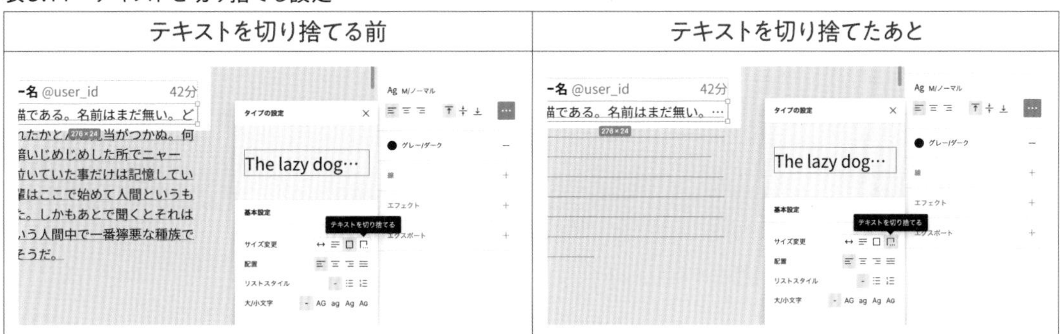

あとは、画面内にオートレイアウトで複数配置し、フレームのサイズやフッターの位置を調整すれば完成です。

memo

【1】 文字サイズが16pxで行間が150%なので、24pxと計算できます。もし複雑な値の場合は、1行だけ入力したテキストを用意して、高さを確認しましょう。

図3.108　DM画面の完成

このように、すでにあるデータを利用して作ると、新しいページを作成するのも非常にスムーズに進みます。

UIデータを共有する

今は演習見本ありきでUIを作っているのでこれで完成ですが、実際の制作ではそうはいきません。一度作ってみたあとにチームメイトやクライアントにチェックをしてもらい、修正をして、再びチェック……と繰り返す場合がほとんどです。

そういったとき、Figmaの共有機能は非常に便利です。ツールバーにある**共有**を押すと、ウィンドウが開きます。

ここから、次の方法で共有を実施できます[1]。

- Figmaアカウントのあるユーザーを直接招待
- 共有用リンクを発行
- Webサイトなどに埋め込めるコードを発行

Figmaアカウントを持っているユーザーを直接招待する

すでにFigmaアカウントがある人をメールアドレス入力によって招待できます。権限も**編集可**、**閲覧のみ**、**プロトタイプの閲覧のみ**と選べます[2]。

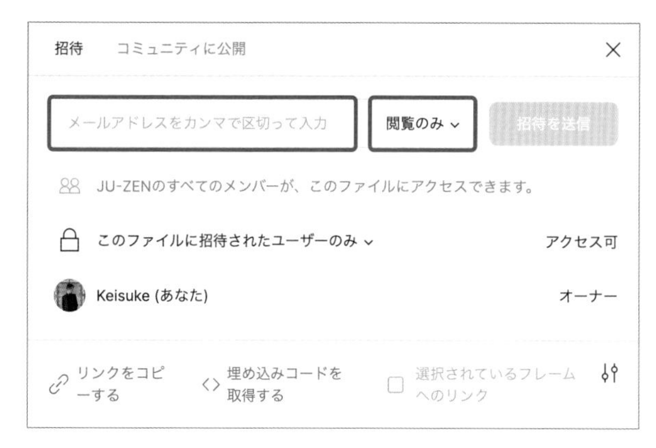

図3.109　共有ウィンドウ

もちろん、一度招待したユーザーをあとから削除することも可能です。

memo

【1】 同じチームに属するメンバーの場合、共有なしでもファイルへアクセスする権限が存在します。ファイルへアクセスする権限を付与するための共有機能と、あくまでURLを共有するための機能が同じ画面に存在しています。

【2】 プロトタイプ機能については「4.1 基本的な機能」で解説しています。

共有用リンクを発行する

共有用リンクを発行すれば、Figmaアカウントがない人に対しても共有ができます。ファイルのセキュリティを**リンクを知っているユーザー全員**、**リンクとパスワードを知っているユーザー全員**、**このファイルに招待されたユーザーのみ**から選んだうえで、**リンクをコピーする**を選択すると、共有用のURLがクリップボードにコピーされます。

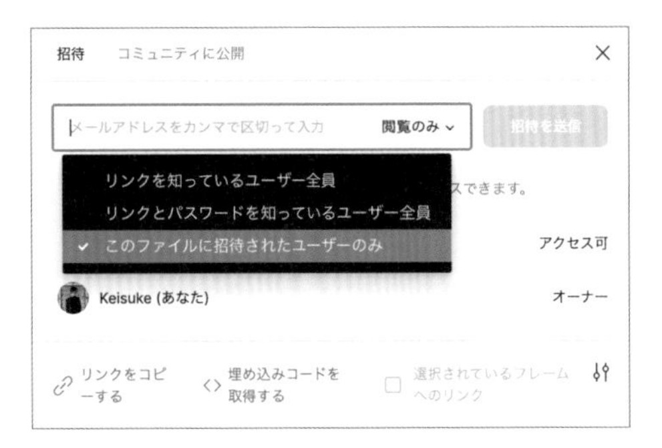

図3.110　共有用リンクを発行する対象

案件ごと、会社ごとで要求されるセキュリティレベルがちがうと思うので、自分の担当内容に合わせて設定してください【3】。

Webサイトなどに埋め込むコードを発行する

GitHubのコメントなど、iframeを埋め込めるサイトでは便利な手段です。
スクリーンショットで共有をすると最新版との乖離が起きてしまいがちですが、この方法でドキュメントに埋め込まれたFigmaファイルは常に最新です。
埋め込みコードを取得するを押したあとに出てくるウィンドウで**コピー**を選べば、クリップボードにコードがコピーされます。

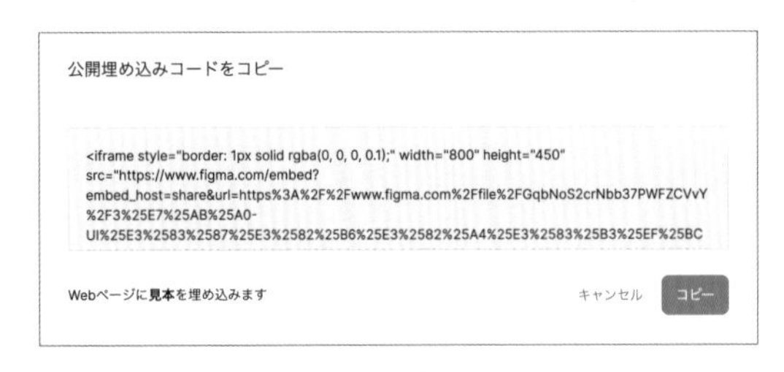

図3.111　埋め込みコードの発行

memo

【3】ここに表示されているセキュリティレベルでは基準をクリアできない場合、ビジネスプランやエンタープライズプランが候補に挙がります。

デザインコラボレーションのための機能

ファイルを共有している相手からコメントをもらったり、自分のメモを残したりできます。**コメント**は**編集者**だけでなく、**閲覧者**も使用可能な機能です。
まずは、ツールバーから**コメントの追加**を選択します。

図3.112　ツールバーのコメントツール

選択するとカーソル形状が変わり、この状態で画面内の任意の箇所をクリックすると**コメント**を残すことができます。
また、絵文字やメンションも使用可能です【1】。

図3.113　キャンバス内にコメントを追加するときのインターフェース

一度コメントされると、画面上にコメントのピンが表示されます。クリックすると展開され、返信、解決、削除などができます(図3.114)。
コメントに返信をするとスレッドとして連なります。議論が解決したら、**解決**を押してアーカイブしましょう(図3.115)。

memo

【1】 フレームにコメントをすると、フレームを移動させたときでも位置が追従します。

Keyboard Shortcut

コメントの追加	
macOS	C
Windows	C

図3.114　コメントのスレッド

図3.115　コメントの解決

また、右サイドバーにコメント一覧が表示され、検索や並び替えなどが可能です。

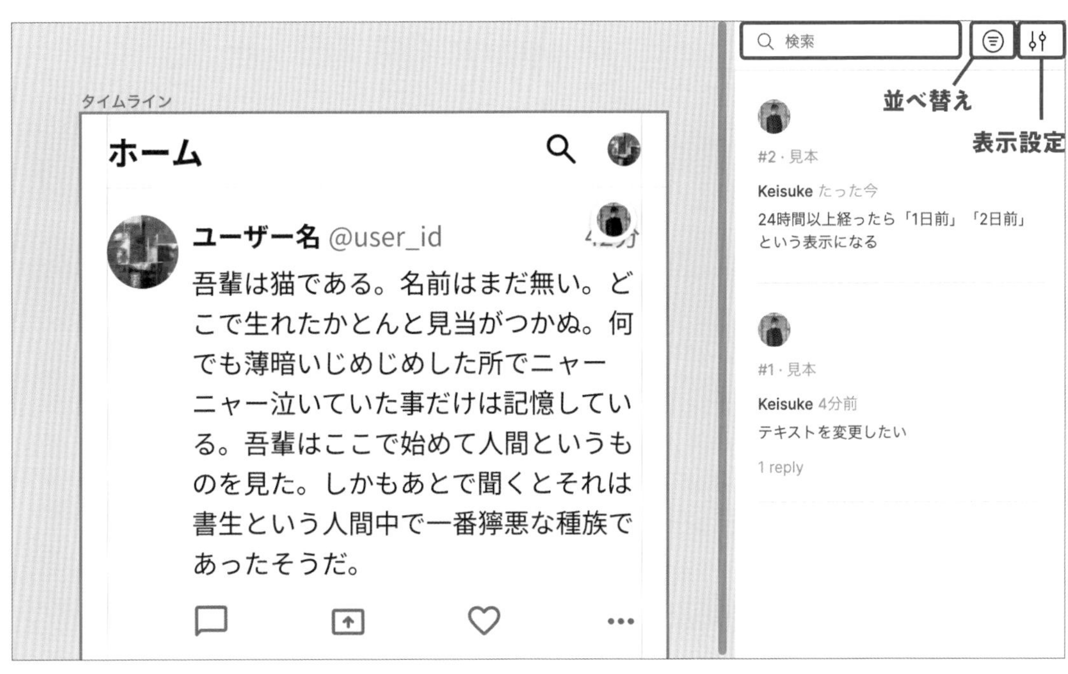

図3.116　右サイドバーのコメント一覧

コメントのピンが増えすぎると画面が見づらくなってしまうので、場面に応じて表示／非表示を切り替えましょう。右サイドバーより変更可能です。

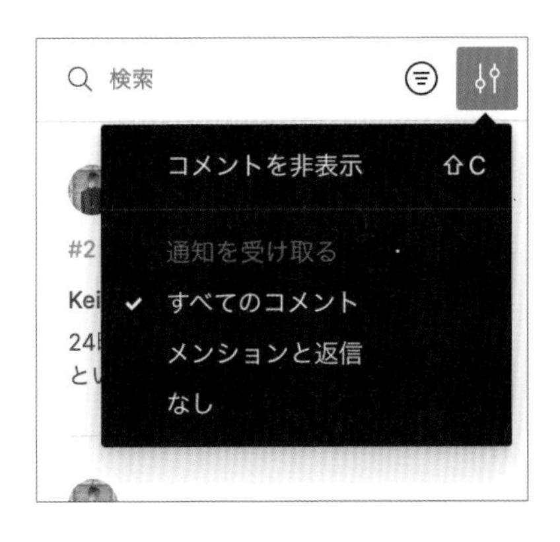

図3.117　コメントの表示／非表示の切り替え

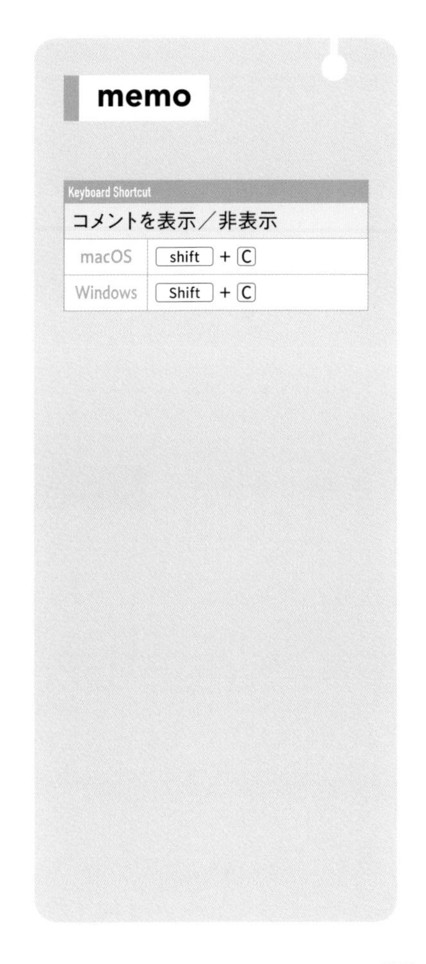

memo

Keyboard Shortcut

コメントを表示／非表示	
macOS	shift + C
Windows	Shift + C

スタイルやコンポーネントをまとめて管理するチームライブラリ

データの規模が大きくなると、1つの**ファイル**内で**スタイル**や**コンポーネント**を管理することがだんだん難しくなってきます。
例えば、Webとネイティブアプリの両方で展開するようなサービスの場合、1つの**ファイル**で管理するには量が多いですし、複数**ファイル**にコピー&ペーストしていては結局管理が分散してしまいます。
これを解消するため、**チームライブラリ**という機能があります。有料である**プロフェッショナル**[1]以上のプランでないと使えないため、実際に手を動かす見本は用意していませんが、使い方を紹介します。
まず、**スタイル**や**コンポーネント**だけを登録した**ファイル**を作成します。
先ほどまでは**コンポーネント**専用の**ページ**を作成していたものを**ファイル**に切り出すイメージです。
次に、**アセット**パネルを開き**チームライブラリ**をクリックします。

図3.118　チームライブラリへのアクセス

開いたウィンドウから**公開...**を押します。

memo

【1】 Figmaのプランについては「1.4 Figmaのプラン」で紹介しています。

図3.119　チームライブラリの公開準備

追加・変更される内容が一覧で表示されるので、まちがいがなければ**公開**を選びます[2]。

図3.120　チームライブラリの公開

memo

【2】 一度公開したものも、あとから変更できるので、そこまで厳密にチェックする必要はありません。

公開が完了したあと、他の**ファイル**を開きます。**チームライブラリ**のウィンドウを確認すると、先ほど公開したファイルの名前が追加されています。図3.121にある[チームライブラリ見本]をオンにすることで、そのファイル内で**ライブラリ**に登録された**スタイル**や**コンポーネント**を使用可能になります。

ライブラリ　更新
検索
現在のファイル
3章 UIデザイン（最終形）　公開...
Figma Book
チームライブラリ見本　18個のコンポーネント, 16個のスタイル

図3.121　チームライブラリの有効化

チームライブラリは1つの場所で定義した**スタイル**や**コンポーネント**を複数の場所から呼び出せるようになり、データが管理しやすくなります。
一例ですが、図3.122のような構成だと、複数のサービスを運用しても被りなくデータを管理することが可能です。

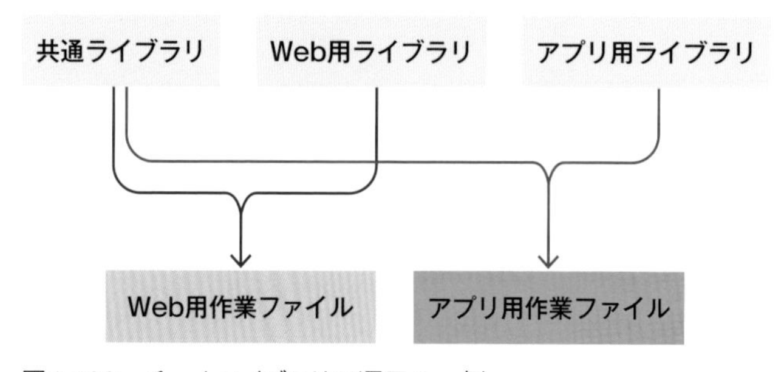

図3.122　チームライブラリの運用の一例

memo

Hint
チームライブラリを使ってデータを効率よく管理する

chapter 4

プロトタイプを作る

昨今のUIデザインでは、
静的な画面一覧だけでなく、
ページ遷移などの動的な要素も
作成する必要があります。
それらもFigmaで完結できるので、
chapter 3で作ったUIをもとに
プロトタイプを作って
いきましょう。

基本的な機能

まずは、サポートサイトより見本の**ファイル**へアクセスしてください。chapter 3で作ったデータに少しだけ手を加えた**ファイル**を使います。複製したうえで、見本にそって制作を進めてください。

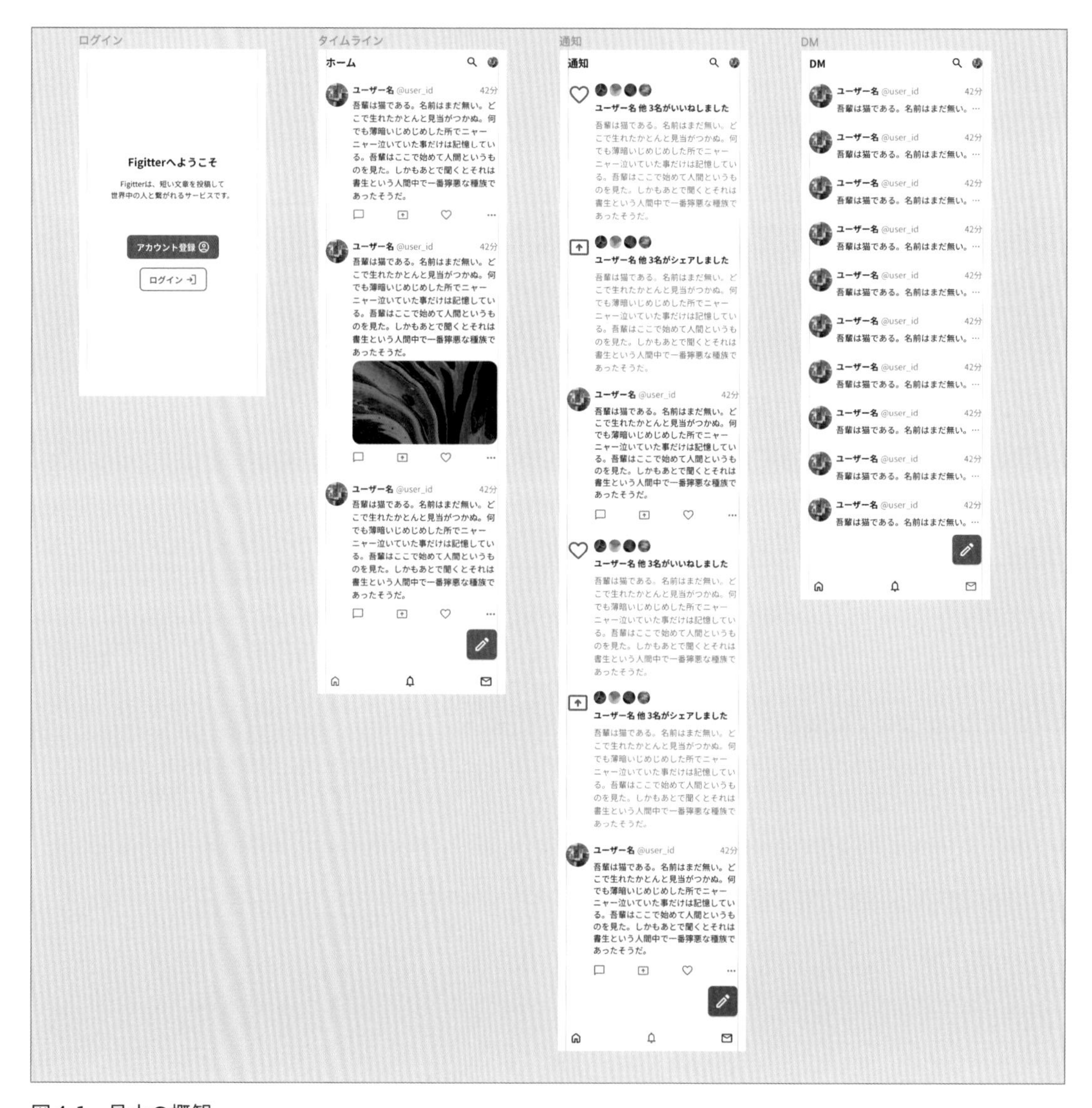

図4.1　見本の概観

ここまで、右サイドバーは**デザイン**タブを開いていました。

このチャプターでは、**プロトタイプ**タブと**デザイン**タブを行き来します。

表4.1　右サイドバーのパネル

デザインタブ	プロトタイプタブ（オブジェクト未選択時）	プロトタイプタブ（オブジェクト選択時）
デザイン　プロトタイプ　インスペクト 背景 E5E5E5　100% テキストスタイル S M L 色スタイル 白 メイン グレー アバター エフェクトスタイル ドロップシャドウ グリッドスタイル 左右マージン エクスポート　+	デザイン　プロトタイプ　インスペクト デバイス カスタムサイズ W　360　H　800 背景 000000	デザイン　プロトタイプ　インスペクト フローの開始点　+ インタラクション　+ オーバーフロースクロール スクロールなし プロトタイプの設定を表示

オブジェクト未選択時に表示されている**デバイス**パネルからは、**プロトタイプ**の検証用にさまざまなデバイスのモックアップが選択できます（図4.2）。

ただ、ステータスバーの表示がないなど、実際のデバイスとはちがう点もいくつかあります（表4.2）。

図4.2　デバイスパネルを開いたときの表示

表4.2　プレゼンテーションを実行したときの見え方

iPhone 14 Pro	Android

著者はいつも**カスタムサイズ**を選び、**フレーム**のサイズを直接指定しています。本書のプロトタイプでもそのやり方にそって進めます。chapter 3ではAndroid(大)を選んでUIを作成していたため、ここでもW360、H800を指定します。

デザイン　プロトタイプ　インスペクト

デバイス

カスタムサイズ

W 360　H 800

背景

000000

図4.3　デバイス一覧よりカスタムサイズを選択し、幅と高さを指定した状態

プレゼンテーションを実行する

プロトタイプとはどんなものかを確認します。

まずは、何も手を加えていない状態でツールバーにある**プレゼンテーションを実行**をクリックします。

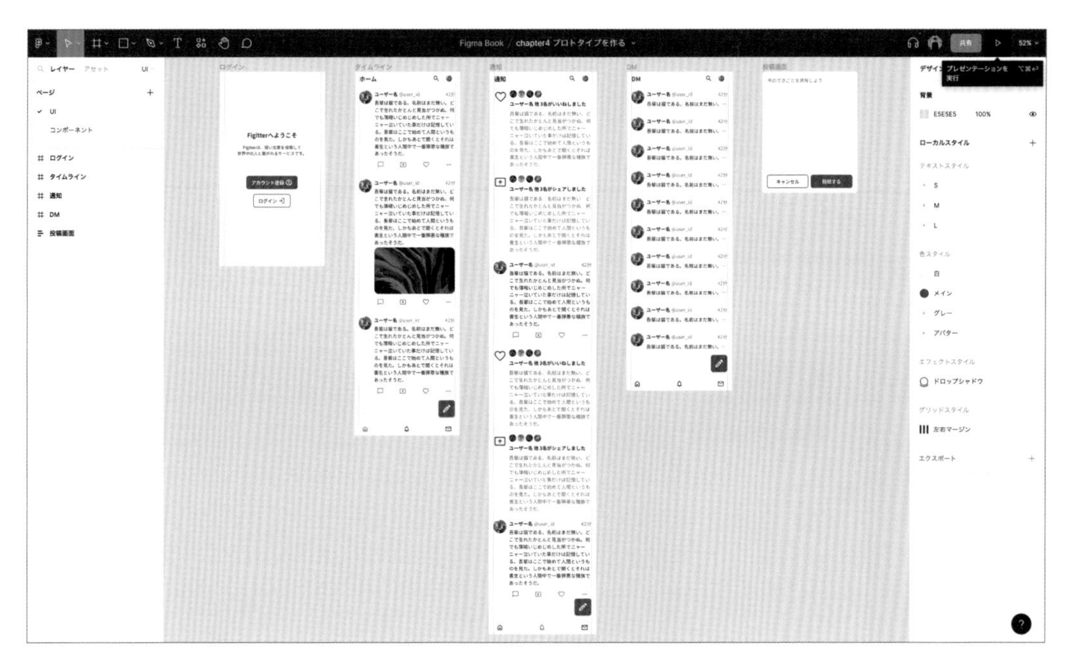

図4.4　複製した直後のファイルでプレゼンテーションを実行

別タブが開いて図4.5のような画面が表示されます。画面下部にある[1/5]は、[現在のフレーム番号/総フレーム数]を意味します。矢印アイコンをクリックするか、もしくは←や→を押すと、画面に表示される**フレーム**が切り替わります。

図4.5　プロトタイプ確認用画面

1つ**フレーム**を進めて、2番目の画面（タイムライン画面）を表示させます。このとき、最下部までスクロールしないとフッターと投稿ボタンが表示されません。

また逆に、スクロールするとヘッダーが**フレーム**外へ消えてしまいます。

今回はヘッダー・フッター・投稿ボタンを固定表示した**プロトタイプ**を作ります【1】。

図4.6　最下部までスクロールして初めてフッターと投稿ボタンが見えた状態

memo

【1】 執筆時点（2022年8月現在）では、「途中までは固定表示、以降はスクロールする」といった挙動は再現できません。

タブを切り替えて、デザイン画面へ戻ります。

投稿ボタンを選択後、右サイドバーの**デザイン**パネルを開き、**制約**セクションにある**スクロール時に位置を固定**にチェックを入れます。同様にヘッダーとフッターにもチェックを入れてください。

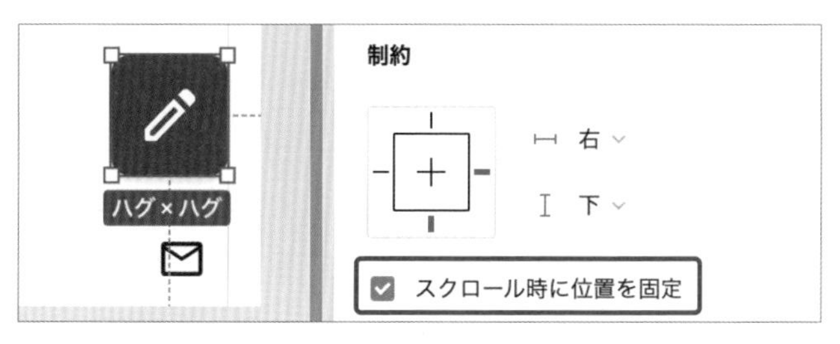

図4.7　投稿ボタンの位置を固定するためのチェックを入れた状態

ここで、もう一度プレゼンテーション画面に戻り、スクロールをします。ヘッダーはスクロールをしても画面上部に固定され、フッターと投稿ボタンは始めから表示されつつ、常に画面下部に固定されています【2】。

図4.8　ヘッダー・フッター・投稿ボタンが固定されたプロトタイプ

位置固定を有効にすると、左サイドバーのレイヤーパネルの表示も変化します。通常は表4.3の左側のようになっていますが、固定要素がある場合は右側のようになっています。

memo

【2】 たまに上手くいかない場合があるので、そのときは一度タブを閉じて、再度プレゼンテーションを実行してください。

表4.3　固定要素があるときとないときのレイヤーパネルのちがい

通常時の レイヤーパネル	固定要素があるときの レイヤーパネル
# タイムライン ◇ ヘッダー ≡ コンテンツ ◇ 投稿ボタン ◇ フッター	# タイムライン 固定 ◇ ヘッダー ◇ 投稿ボタン ◇ フッター スクロール ≡ コンテンツ

単純な画面遷移

プロトタイプとして画面遷移をする方法のうち、基本的なものを解説します。

まず、**タイムライン**画面のフッターのうち、ベルマークの要素を選択します。右サイドバーの**プロトタイプ**パネルを選択した状態だと、オブジェクトの右端にコネクターが表示されます。

図4.9　インタラクション設定のためのコネクターが表示されている状態

これをクリックし、**通知**画面までドラッグします。

memo

Tips

GitHubのIssueにFigmaデータを表示する拡張機能

https://qiita.com/xrxoxcxox/items/fd4629c4d066e0e01a1b

図4.10　コネクターを通知画面へ接続した状態

同様に、メールアイコンはDM画面へと接続します。

図4.11　コネクターをDM画面へ接続した状態

他の画面のフッターのアイコンも、それぞれのページへと接続します。すべて完了すると、図4.12のように接続されます。

図4.12　タイムライン・通知・DMがすべて接続された状態

この状態でプレゼンテーション画面へ切り替えます。

画面上の適当な部分（**フレーム**外を含む）をクリックすると、フッターのアイコンが青く光ります。これはホットスポットといい、クリック可能エリアを示します。ベルアイコンをクリックすれば通知画面へ、メールアイコンをクリックすればDM画面へ、ホームアイコンをクリックすればホーム画面へ遷移します。

このようにして、画面遷移をプロトタイプとして表現することが可能になります。

memo

Tips
ウィンドウ操作やオブジェクト選択のショートカット
https://qiita.com/xrxoxcxox/items/761e3415ca5718c77ec9

図4.13　クリック可能なエリア＝ホットスポットが青く光っている状態

UIを作るときに常にプロトタイプも一緒に作るようにしておけば、行き止まりの画面やどこからもアクセスできない画面を作ってしまう確率が減ります。

アニメーションを伴う画面遷移

今の状態だと、フッターのアイコンを押した瞬間に画面遷移しますが、アニメーションの設定も可能です。**フレーム**間をつなぐ矢印をクリックすると、**インタラクション詳細**のウィンドウが開くので、そこから設定します。デフォルトだと**即時**になっているのですが、この項目を変えることでさまざまなアニメーションを実現できます。

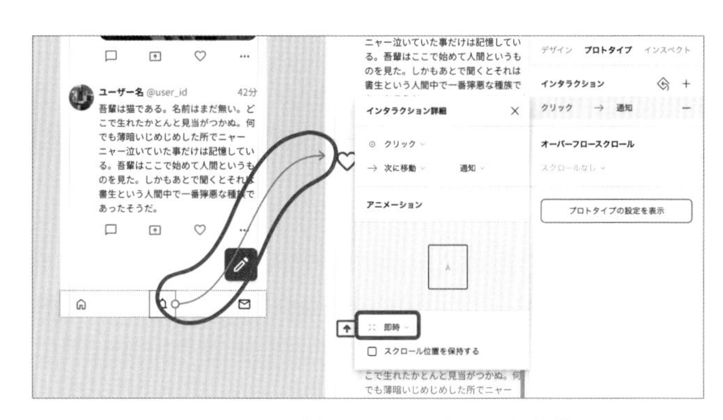

図4.14　インタラクション詳細ウィンドウを開いた状態

今回は**ムーブイン**を選びます。

memo

Tips
表組みを作る
https://qiita.com/xrxoxcxox/items/024d8b17d84962a46c39

図4.15　インタラクションを即時からムーブインへ変更

通知画面が画面右側から左向きに出現するよう、左矢印を選びます。プレビューが出るので、確認しながら設定します。

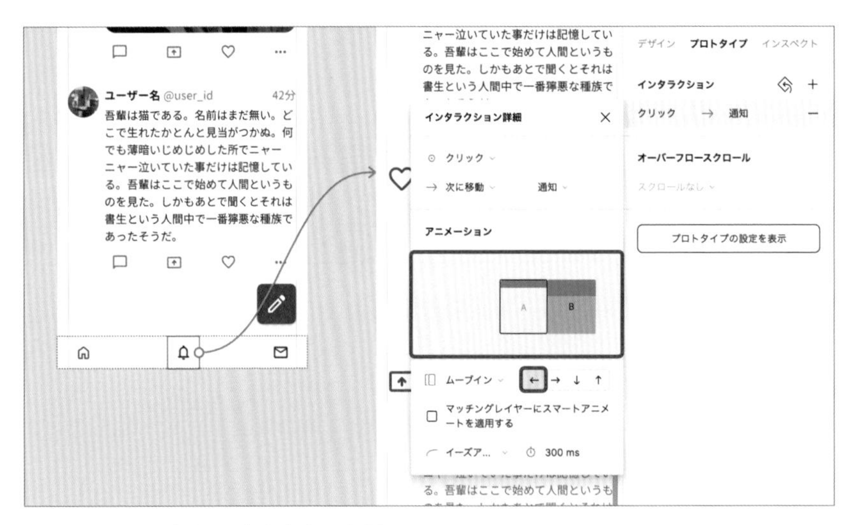

図4.16　ムーブインの方向を左へ変更

インタラクションで表現できるのは画面間の遷移だけではありません。複製したファイルの右端にある投稿画面**フレーム**をモーダルウィンドウのように表示させてみましょう。投稿ボタンを投稿画面**フレーム**につなぎ、**次に移動**の項目を**オーバーレイを開く**に変更します。

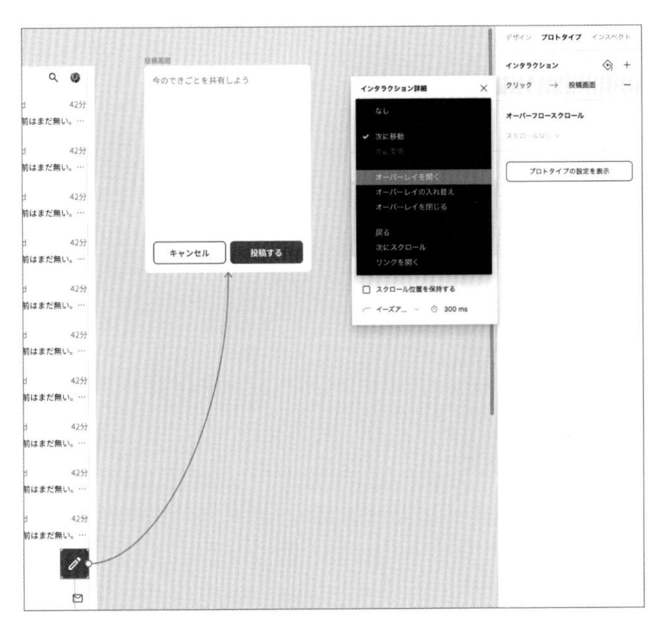

図4.17　オーバーレイの設定

外部でクリックしたときに閉じると**オーバーレイに背景を追加**にチェックを入れておきましょう。これにより、一般的なモーダルウィンドウの挙動に近くなります。

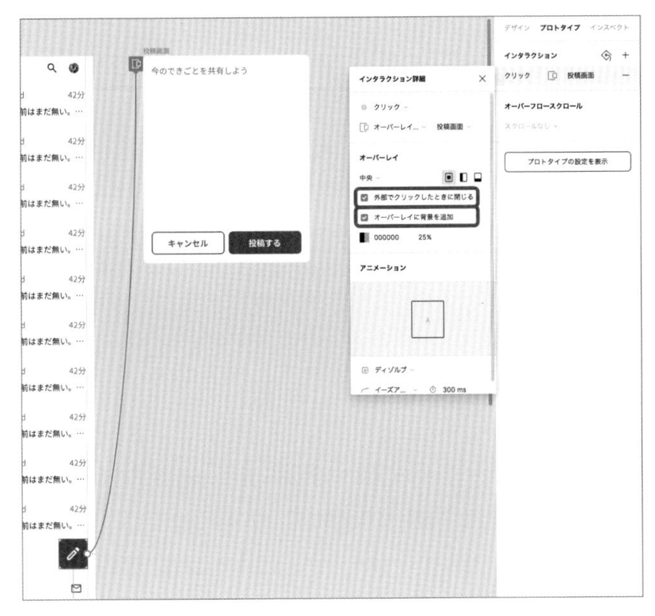

図4.18　オーバーレイのオプション

この状態で**プレゼンテーションを実行**し、投稿ボタンを押すと次のように表示されます。

図4.19　投稿画面がオーバーレイで表示されている状態

投稿画面にもインタラクションを設定して、[投稿する]や[キャンセル]をクリックしたときにモーダルウィンドウを閉じるようにしておきます。

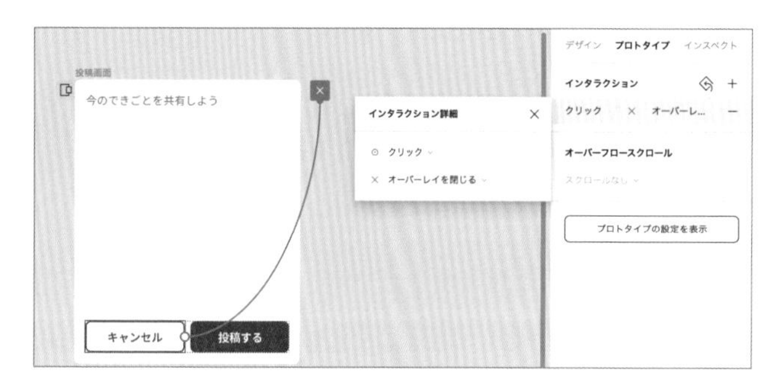

図4.20　投稿画面を閉じるための設定

プロトタイプはどこまで正確に作成するべきか

プロトタイプ機能を覚えると、Figma上でいろいろな動きが再現できるようになって楽しさが広がります。

一方で、動きを再現するために、データが煩雑になり過ぎるのもよくありません。あまりにも正確さを追い求めると、大量のインタラクション設定が必要になり、更新性や保守性が損なわれます。

あくまでチーム内やクライアントとの認識を揃えるために、動的なプロトタイプを作るのが重要です。

共有とコメント

「3.10 デザインコラボレーションのための機能」で紹介したのと同様、**プロトタイプ**においても共有やコメントができます。コメントはデザインモードと共有になっていて、プロトタイプモードの画面上でコメントしたものは、デザインモードにも表示されます。逆もまた然りです。

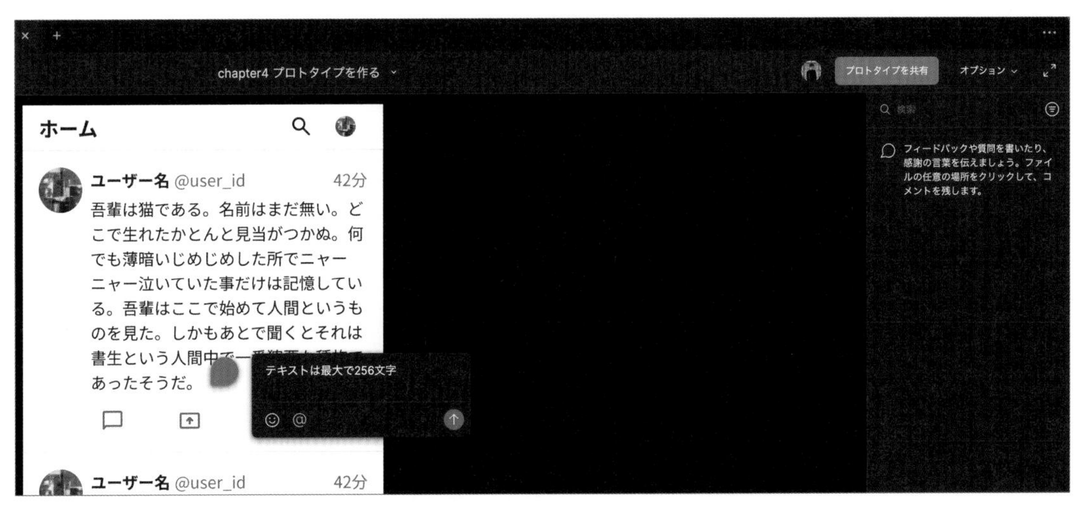

図4.21　プロトタイプへコメントをしている状態

スマートフォンからサイトを確認する

Figmaにはスマートフォン用のアプリもあります。
アプリをダウンロードしたら、デスクトップでのFigmaと連携して使用できます。デスクトップで選択している**フレーム**がスマートフォンにも表示されるので、実際のサイズや挙動を確かめることができます。

発展的な機能

インタラクティブコンポーネント

「3.6 UIパーツを再利用するコンポーネントの作成」で説明した**コンポーネント**にもインタラクションを設定します。
今度は[コンポーネント]の**ページ**を開きます。こちらのデータでは、chapter 3で作成したものから新たにヘッダーの種類を1つ増やしています。虫眼鏡アイコンを押したあと、検索用に文字列を入力する機能をイメージした見た目です。

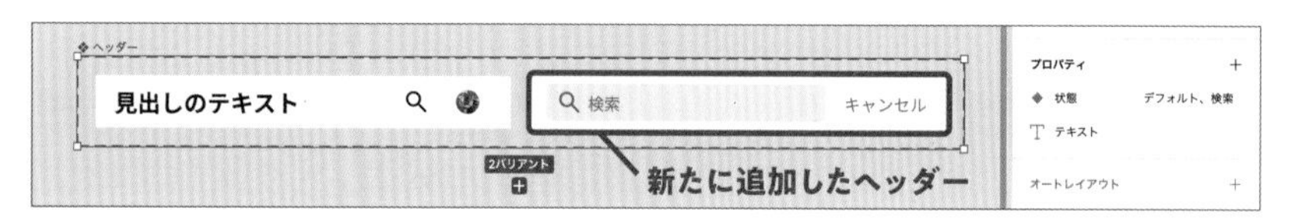

図4.22　バリアントを追加したヘッダーコンポーネント

右サイドバーの**プロトタイプ**パネルを開き、左側のヘッダーの虫眼鏡アイコンから右側のヘッダーへ**インタラクション**を適用します。

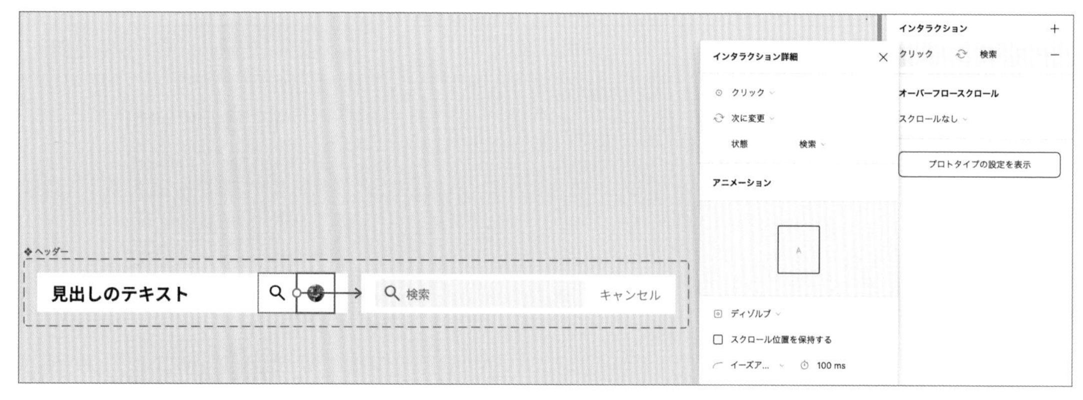

図4.23　ヘッダーコンポーネントのバリアント間にインタラクションを設定した状態

そして右側のヘッダーの[キャンセル]をクリックし、インタラクションを適用します。

図4.24　切り替えたバリアントを戻せるようにインタラクションを設定した状態

完了したうえで[UI]のページに戻り、**プレゼンテーションを実行**してヘッダーの虫眼鏡アイコンをクリックしてください。すると、検索用のヘッダーに変化します。タイムライン・通知・DMのどの画面でもヘッダーが変化することを確認してください。

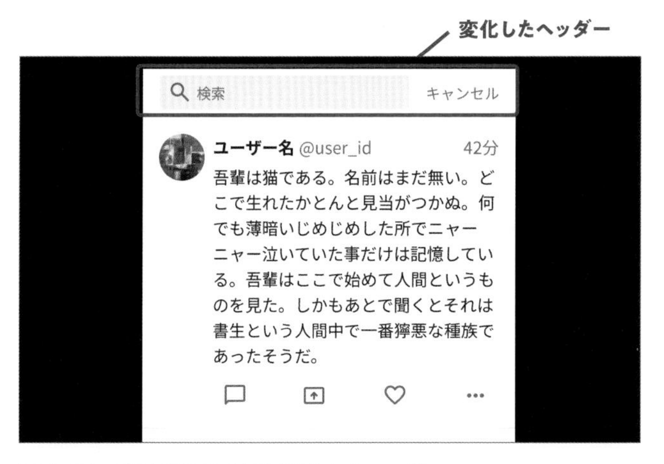

図4.25　検索用の見た目に変化したヘッダー

これは**インタラクティブコンポーネント**といいます。1つの**コンポーネント**の**バリアント**間で**インタラクション**を指定すると、**プロトタイプ**では毎回**インタラクション**が適用されます。ヘッダーのような多くの場所で使い回されるパーツすべてに**インタラクション**を指定するのは手間がかかりますが、この機能を使えば楽に再現ができます。

例えば、入力フォームやボタン、ドロップダウンメニューの開閉など、絶対に同じ動きをすることが明らかな**コンポーネント**で使うと便利です。

memo

Tips
2022年11月2日に東京で開催されたトークセッションイベント「Schema」のアーカイブ
https://www.designsystems.com/schema-tokyo-2022/

フロー

プロトタイプを作成するとき、再現したい操作手順が１種類だけとは限りません。複数の操作手順を再現できる**フロー**についても解説します。

ここまでは単に画面同士をつないできただけで、**プレゼンテーションを実行**するとタイムライン画面から始まりました【1】。他の画面からスタートするように設定してみましょう。

ログイン**フレーム**を選び、**フローの開始点**を選択します。フローの名前を設定できるので、[ログイン]と入力します。

図4.26　フローの開始点の追加

あとはこれまで同様、アカウント登録やログインボタンの**インタラクション**を設定します。

図4.27　ログイン画面から他の画面へのインタラクション設定

> **memo**
>
> 【1】 フローを設定していない場合、キャンバス内にあるフレームは左上から右下に向けて自動で順番が設定されます。今回の場合は、タイムライン画面のフッターからインタラクションを設定したので、タイムラインが起点となっています。

また、デフォルトで設定された**フロー**は名前が［Flow 1］とわかりづらいため、こちらもリネームしましょう。

図4.28　Flow　1からタイムラインへとリネームした状態

この状態ですべての選択を解除すると、右サイドバーに**フロー**セクションが表示され、そこからプレゼンテーションを実行できます。

図4.29　右サイドバーのフローセクション

chapter

5

デベロッパー
ハンドオフ

このチャプターでは
デベロッパーハンドオフの
機能を紹介します。
耳慣れない言葉かもしれませんが、
実装者への引き渡しの話です。
UIデザインは、実装して動いて初めて
価値が出るため、実装者との
連携も非常に重要です。

実装者へのファイル共有

デベロッパーハンドオフは、実装者へFigmaファイルを共有することから始まります。共有の方法自体は「3.9 UIデータを共有する」で紹介したものと同じです。ツールバーにある**共有**からアカウントを招待したり、リンクをコピーして共有します。

図5.1　共有用ウィンドウ

編集者と閲覧者のちがい

デベロッパーハンドオフの詳細に入る前に、少しだけアカウントの種類ごとの画面や操作のちがいについて解説します。

Figmaでのアカウント権限は、大きく分けて2種類あります。**編集者**と**閲覧者**です。名前のとおりデータを編集できるアカウントと、閲覧だけのアカウントです。

Figmaは**編集者**の数だけ支払いが増えるため、実装専門の方には**閲覧者**の役割を割り当てる場合が多いです。

そのため、このチャプターでは**閲覧者**の役割から見た画面を優先して解説します。

オブジェクトの選択方法

編集者では、オブジェクトをクリックをすると最上位フレームが選択され、ダブルクリックをするごとに選択する階層が深くなりました。

閲覧者ではその逆で、クリックすると最入れ子もネストが深いオブジェクトが選択されます。

逆に、最上位フレームなど親の要素を選択したい場合は、次のどちらかで選択します。

- **ダブルクリック**
- **macOSであれば command、Windowsであれば Ctrl を押しながらクリック**

memo

Hint

	閲覧者	編集者
データの閲覧	✔	✔
データの編集		✔
課金対象		✔

「6.3 Figmaコミュニティ」で解説するプラグインは、データの編集にあたるため、閲覧者は使用できません。実装者として便利なプラグインもあるため、もし使用したい場合は編集者としてアカウントを用意してください。

距離の測定

編集者では、option または Alt を押しながらでないとオブジェクト間の距離を測定できませんでした。

閲覧者では、デフォルトで距離を測定できます[1]。何かのオブジェクトを選択したとき、他のオブジェクトへカーソルを合わせるだけで距離が表示されます。

図5.2　なんのキーも押さずに距離を測定している状態

ツールバー

編集者では、**テキスト**ツールや各種図形ツールなど、多くのツールがツールバーに配置されていました。

閲覧者では、**移動・手のひら・コメントの追加**ツールのみが使用できます。

memo

【1】 ただし、右サイドバーのインスペクトパネルを開いているときだけは、編集者も閲覧者同様にデフォルトで距離の測定が可能です。

Hint

左サイドバー

編集者では、**レイヤー**パネルと**アセット**パネルの切り替え、そしてページ一覧の表示切り替えができました。
閲覧者では、ページ一覧の表示切り替えのみが可能です。

右サイドバー

編集者では、**デザイン・プロトタイプ・インスペクト**の３つが表示されました。
閲覧者では、**コメント・インスペクト・エクスポート**の３つが表示されます。

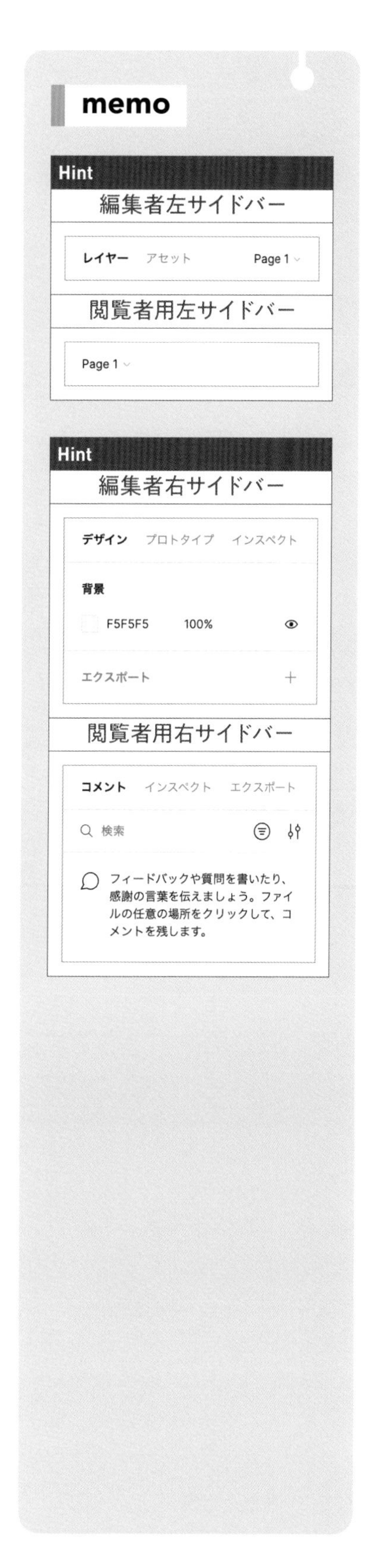

5

3 インスペクト

閲覧者としての確認

実装者として、**閲覧者**権限でデータを確認する方法を解説します。chapter 4で使用していたファイルの、複製前のものにアクセスしてください。ファイル名は[chapter4 プロトタイプを作る]です。**ドラフト**に複製せず閲覧している間は、**閲覧者**のUIが表示されています。chapter 5では、こちらを見ながら読み進めてもらうことをおすすめします。

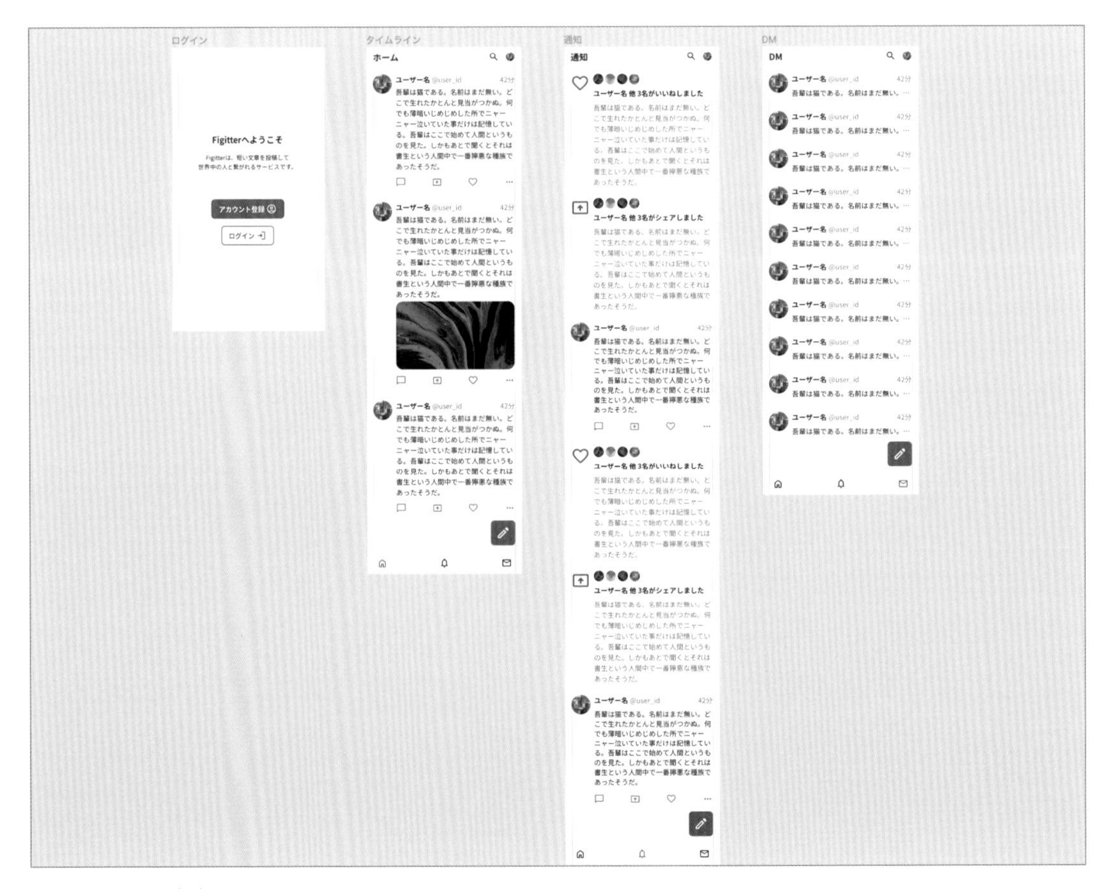

図5.3　見本の概観

ファイルにアクセスしたら、まずは右サイドバーの**インスペクト**を選択します。

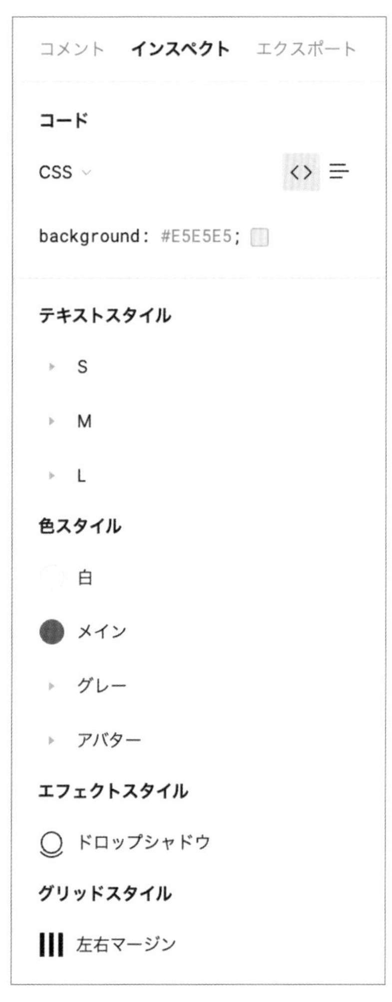

図5.4　右サイドバーのインスペクトパネル

この状態で、いろいろな要素を見ていきます。

プロパティ

まずは、ログインの**フレーム**を選択してください。右サイドバーの表示が図5.5のように変わります。
始めに注目するのは**プロパティ**です。**幅**、**高さ**、**上**、**左**と表示されています。

memo

Tips
コーディングしやすいFigmaデータの作り方
https://qiita.com/xrxoxcxox/items/92874cb9ce423ecb94de

図5.5　ログイン画面を選択したときの右サイドバーの変化

それぞれ**編集者**のときの**デザイン**タブで表示されていたW、H、X、Yと対応しています[1]。

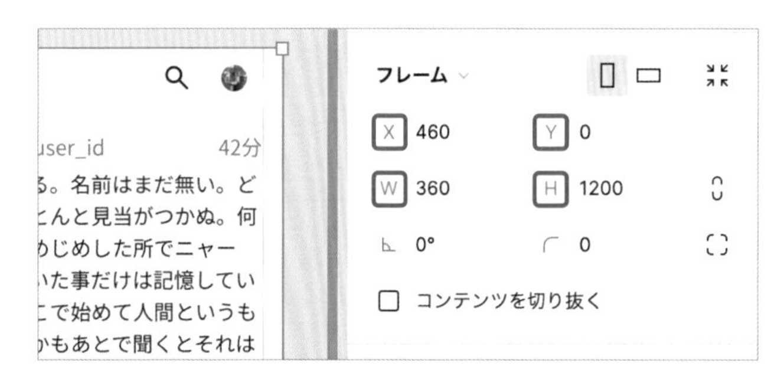

図5.6　幅、高さ、上、左に対応するデザインタブでの表示

次に、ヘッダーを選択してください。先ほど解説したように、macOSであれば command 、Windowsであれば Ctrl を押しながらクリックしたほうが選択しやすいです[2]。**編集者**のデザインパネルにはなかった**パディング・両端揃え・間隔**という項目が追加されています。

memo

【1】 執筆時点（2022年8月現在）では日本語訳が少し変ですが、特に問題はありません。

【2】 詳しくは「5.2 編集者と閲覧者の違い」で解説しています。

図5.7　パディング・両端揃え・間隔の表示

これらは**オートレイアウト**のプロパティに対応しています。

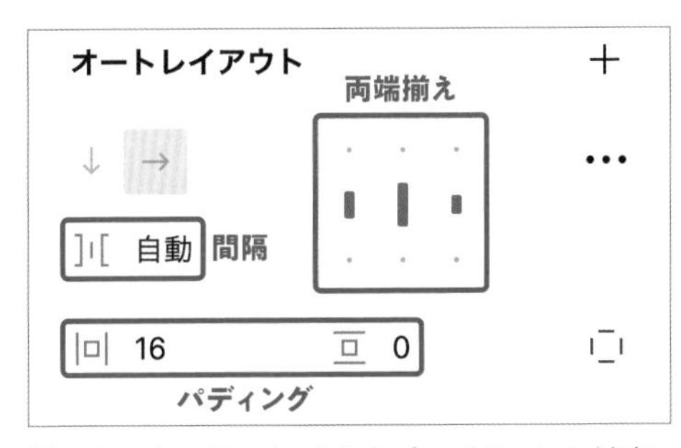

図5.8　オートレイアウトのプロパティとの対応

また、**投稿ボタン**を選択すると半径という項目が追加されています。

図5.9　半径の表示

memo

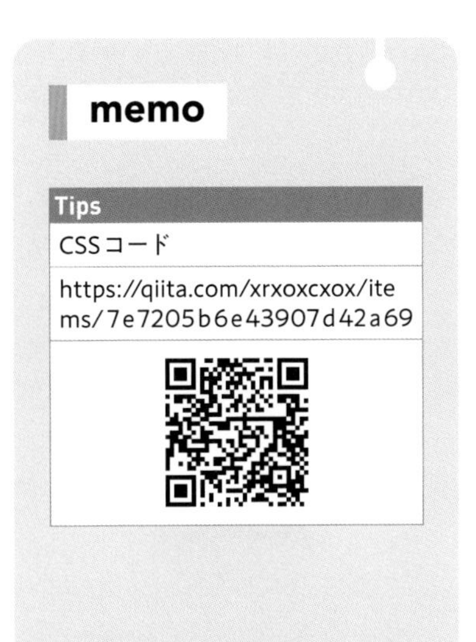

これは**角丸**の値に対応しています。

図5.10　角丸の値との対応

このように、デザイナーの作成したデータが数値化され、実装者へとインスペクトをとおして伝わります。
旧来の制作フローだと、デザイナーが手書きでメモを入れたり、実装者がすみからすみまで測定したりと時間がかかっていました。Figmaを用いればそういった手間はなく、素早く情報を伝えられます。
ここまで解説してきたように、**編集者**から見たときと**閲覧者**から見たときで表記がちがうものもあります[3]。

コンテンツ

次に、**投稿**の中にある[吾輩は猫である。名前は………]の文字を選択してください。すると右サイドバーに**コンテンツ**セクションが出現します。
コピーをクリックすると、クリップボードにテキストがコピーされます。長い文章を手動で打ち込むのは大変ですし、人名や固有名詞など表記をまちがえてはいけない情報も多いため、この機能は非常に役立ちます。

memo

【3】 今後のアップデートで一致していくと思われます。

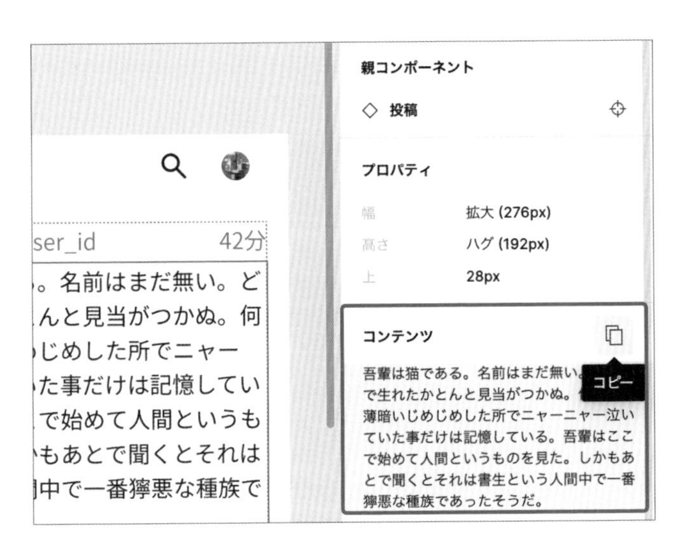

図5.11　文章を選択したときに現れるコンテンツセクション

タイポグラフィー

コンテンツの下には**タイポグラフィー**というセクションがあります。ここにはフォントの種類やサイズ、行間の設定などが表示されています【4】。

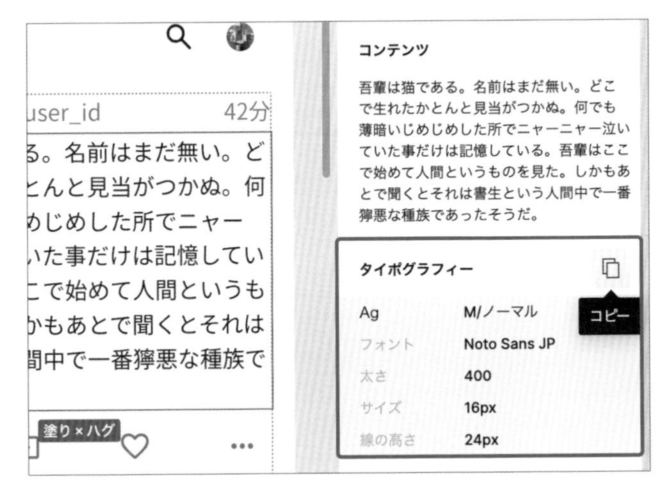

図5.12　タイポグラフィーセクション

こちらも**コンテンツ**と同様、**コピー**をクリックするとクリップボードに情報がコピーされます。コード5.1にあるように、そのままCSSとして扱える形式でコピーされるため、便利です。

なお、コード5.1の中で［styleName］と示されているのは**テキストスタイル**で登録した名前です。

memo

【4】執筆時点（2022年8月現在）では日本語訳が少し変ですが、**線の高さ**とはline-heightのことで、行間の設定です。

コード5.1

```
//styleName: M/ノーマル;
font-family: Noto Sans JP;
font-size: 16px;
font-weight: 400;
line-height: 24px;
letter-spacing: 0em;
text-align: left;
```

色・ボーダー

次に、投稿の**コンポーネント**を選択してください。**色とボーダー**いうセクションが表示されています。

[グレー / ライト] とは**スタイル**に登録した名前で、[#F3F3F3] はカラーコードです。

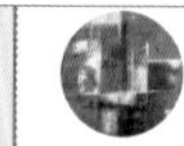

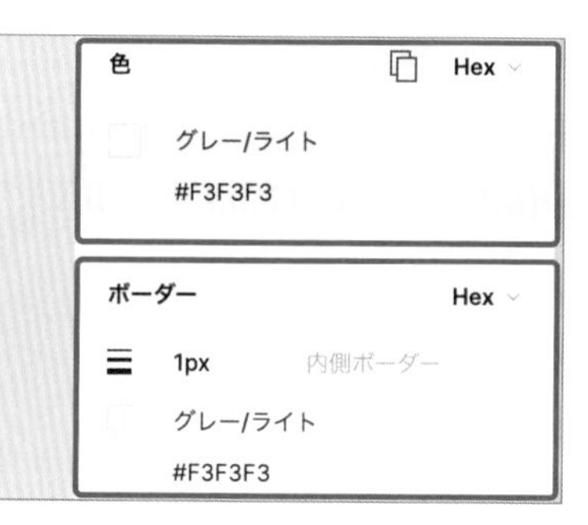

図5.13　色とボーダーのセクション

column

名前の統一

チームの人が同じものをちがう名前で呼ぶと思わぬ事故を起こします。

コード5.1のタイポグラフィーを例にすれば、このスタイルをデザイナーは [M/ノーマル] と呼び、実装者はコード上に [ノーマル / デフォルト] と記載していたとしましょう。この場合、デザイナーのいう [ノーマル] はフォントのウェイトの話ですが、実装者のいう [ノーマル] はフォントのサイズの話です。

これでは「文字サイズを大きくしたい」というつもりで話しかけたら、「文字の太さを太くしたい」と受け取られる可能性もあります。

チーム内では同じものを同じ名前で呼べるように、Figmaでの名前をそのままコードにも転用するのが楽です。

命名規則自体は先にチーム内で話し合う必要があるかもしれませんが、あとから事故が起こりづらくなるので、ぜひ試してみてください。

こちらも**コピー**をクリックするとクリップボードに情報がコピーされます。

コード5.2
```
background: #F3F3F3;
```

コード5.3
```
border: 1px solid #F3F3F3
```

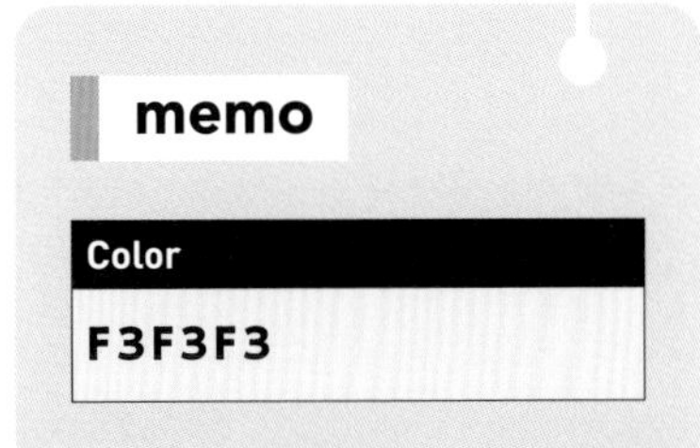

また、右上にあるドロップダウンメニューから書式を変えられます。

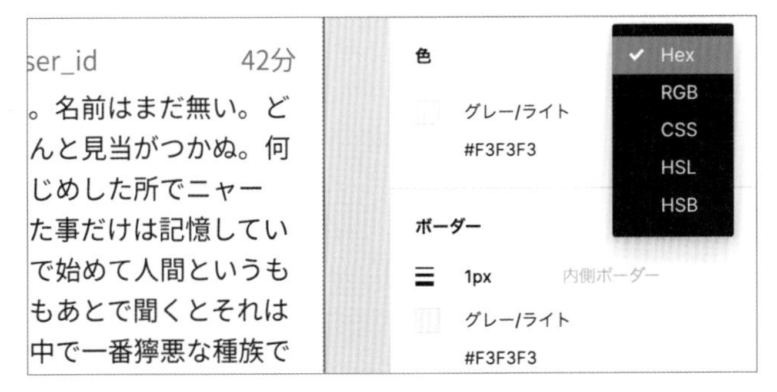

図5.14　ドロップダウンメニューから、カラーコードの書式を選べる

コンポーネントプロパティ

投稿の**コンポーネント**を選択したままで、右サイドバーの上部に注目してください。**コンポーネントプロパティ**というセクションがあります。
これは**メインコンポーネント**か**インスタンス**を選択したときのみ表示される項目です。［ユーザー名］・［ユーザーID］など、**コンポーネント**作成時に設定した**コンポーネントプロパティ**や**バリアント**が一覧で表示されます。

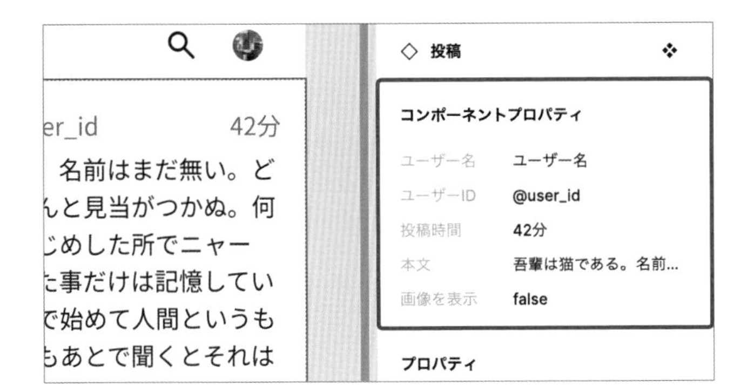

図5.15　コンポーネントプロパティの一覧

また、実装者として**インスタンス**を見ている場合は**メインコンポーネント**との差分が気になることでしょう。そういう場合は**メインコンポーネントに移動**を選択することで、定義元の**ページ**や**ライブラリ**へ移動が可能です【5】。

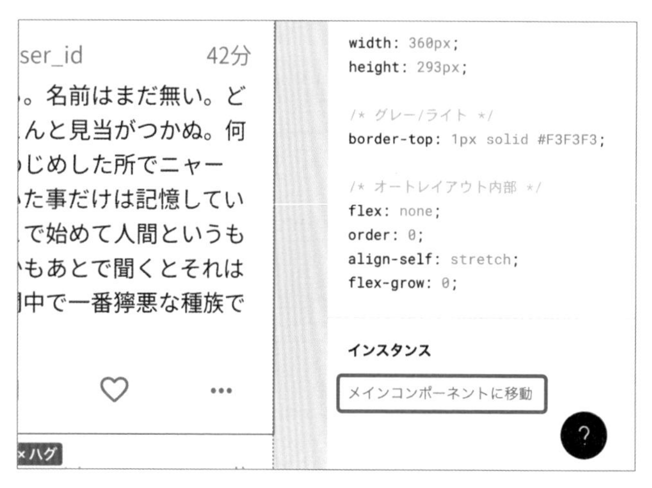

図5.16　メインコンポーネントへ移動する動線

コード

投稿コンポーネントを選択したまま、右サイドバーの下部にあるコードのセクションを確認します。

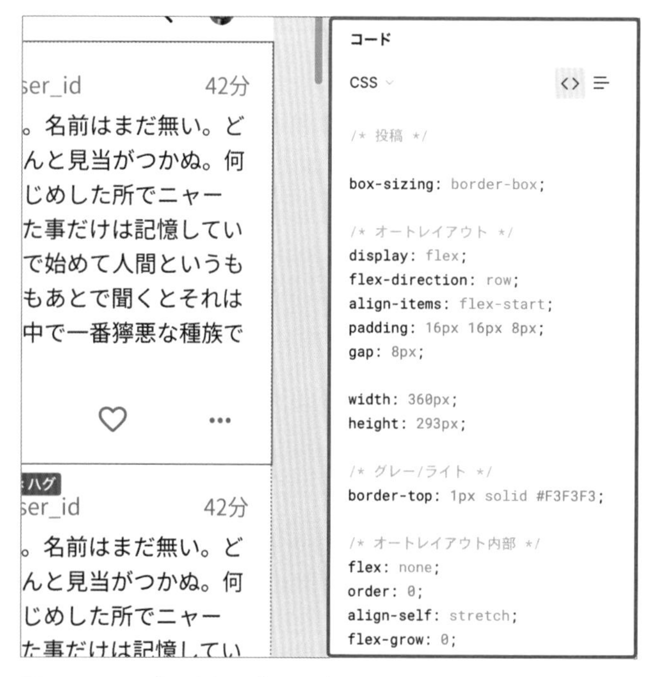

図5.17　コードの表示、デフォルトではCSS

memo

【5】 メインコンポーネントへ移動したとき、インスタンスへ戻るための動線も表示されます。

デフォルトだとCSSが表示されていて、その他にはiOSとAndroid用のコードを見ることができます。
特にCSSの場合、**オートレイアウト**が使用されている旨や、**スタイル**の名前がコメントとして添えられています。実装の参考に確認してはいかがでしょうか。

5

4 コメント

Figma上でコメントのやり取りができます[1]。「処理に時間がかかりそうだから別途ローディング中のUIを用意したほうがよいのでは?」など、実装者ならではの観点もあると思います。
そういったやりとりがよいプロダクトを作るはずなので、ぜひコミュニケーションツールとして活かしてください。

memo

【1】 詳しくは「3.10 デザインコラボレーションのための機能」で解説しています。

5 エクスポート

Figmaにはデータを書き出す便利な**エクスポート**機能も備わっています。
今回のファイルではアイコンが用意されているので、実装時にすべてのアイコンをダウンロードしたいとします。コンポーネント**ページ**ですべてのアイコンを選択した状態で、❶右サイドバーの**エクスポート**パネルを選択し、❷十をクリックします。

図5.18　エクスポートパネルより、エクスポートの準備

拡張子をPNG、JPG、SVG、PDFと選択できるので、ここではSVGを選びます。

図5.19　拡張子を選択

あとは**レイヤーをエクスポート**をクリックすればダウンロードできます。

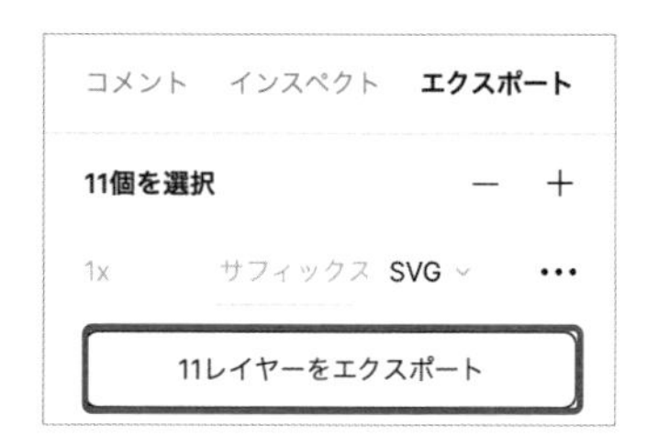

図5.20　レイヤーをエクスポートするためのボタン

memo

Tips
未使用のコンポーネント
https://qiita.com/xrxoxcxox/items/f0c0844f8245ff9f2c57

chapter 5 デベロッパーハンドオフ

JPGやPNGを選択したときは、倍率や幅、高さを自由に指定してダウンロードができます。
例えば、**1x**を選択すれば等倍サイズ、**2x**を選択すれば2倍サイズのデータがダウンロードできます。直接打ち込むことも可能で、幅200pxがほしければ[**200w**]、高さ300pxがほしければ[**300h**]と入力してエクスポートすれば、設定どおりのサイズのデータが得られます。

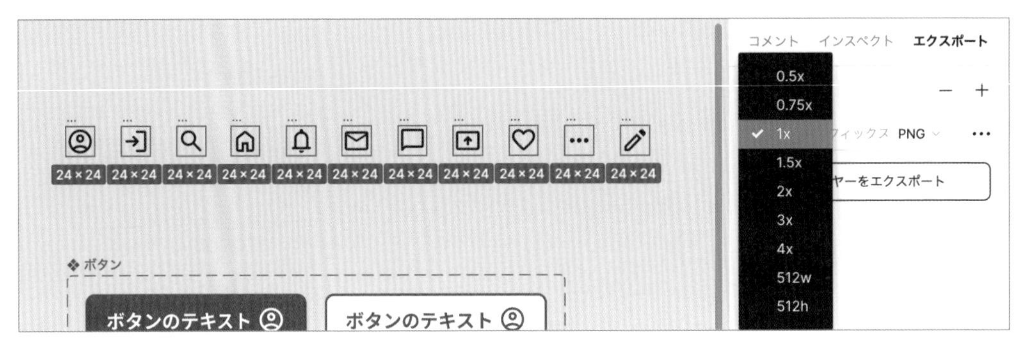

図5.21　エクスポート設定

また、**サフィックス**とはファイル名の前につける文字列です。何も指定しなければレイヤー名のとおりのファイルが得られますが、例えばサフィックスに[**アイコン-**]とつけると[**アイコン-アカウント.svg**]といった名前のファイルが得られます。
エクスポート機能は**閲覧者**でも使うことができ、**コンポーネント**や画面、アイコンなどの画像を書き出せます。
従来のデザインツールではちょっとした画像の書き出しであっても、デザイナーしか担当できなかったため、手間がかかっていました。対して、Figmaではエクスポート機能により誰でもデータの書き出しが可能です。

column

ブランドアセット管理としてのFigma

エクスポートに関連して、ロゴなどのブランドアセットをFigma上にまとめておく使い方もあります。
実装者だけでなくビジネスサイドの人も、資料作成などでロゴやブランドカラーが必要になる場面があります。
対外的な見せ方を統一するために、Figma上にデータをまとめるとよいでしょう。

chapter

6

Figmaを中心とした チーム全体での コラボレーション

このチャプターでは、
Figmaを用いた
コラボレーション
全般を取り上げます。
アイデア出し・
ワイヤーフレーム作成・
コミュニティにあるデータの
活用など幅広く紹介します。

具体的なUIを作る前のコラボレーション

ブレインストーミング

ブレインストーミングとは、アイデアを生み出すための方法の１つです。簡単に解説すると、集団で意見を出しあい、ふせんに書いたアイデアをどんどん壁に貼り付けていき、アイデア同士を組み合わせて連鎖的に発散していくやり方です
従来はオフラインで実施されていたこの方法ですが、Figmaを用いると、オンラインでも可能なうえ、画像やリンクを用いてより多様なアイデアが出せます。
また、既存のFigmaデータがあれば、それをベースにした議論など幅広い活用ができます。

ムードボード

ムードボードとは、これから制作するものの雰囲気を視覚的にとらえやすくするための手法です。写真やイラスト、Webサイトのスクリーンショットなど、素材となるものを集めてコラージュし、１つのグラフィックとしてまとめることができます。
テキストだけでやり取りをしていると、どうしても認識の齟齬が起きがちですが、ムードボードを作ることで、視覚による共通認識を得られます。そのため、齟齬を防ぐことができます。
Figmaであればさまざまなデータを一ヵ所に集めることも、あとからそれを分割して整理することも簡単です。

Brainstorm
Category 1　Category 2　Category 3　Category 4　Category 5　Category 1
important!
Cool!!
Change

図6.1　Figmaで行うブレインストーミングのイメージ

Figmaのキャンバスはとても大きいため、複数の種類のムードボードを1つの**ページ**の中に作成し、俯瞰して眺めることも可能です。
また、URL1つで共有できるため、ムードボードを用いたクライアントとのコミュニケーションも簡単に行えます。
具体的な素材集めの方法などについては本書では言及しませんが、ムードボードをFigmaで再現することで、あとの制作工程がスムーズになります。

図6.2 Figmaで作るムードボードのイメージ

サイトマップ・ワイヤーフレーム

詳細なUIデザインの前に、サイトマップやワイヤーフレームを作成することがあります。これもFigmaがあれば非常に速く進められます。
一般的にワイヤーフレームを作成するときは、グレーの四角形やテキストなどで必要な要素を大ざっぱに整理します。**フレーム**ツールと**テキスト**ツールを用いてそれらを用意し、必要に応じて**プロトタイプ**機能で遷移を確認すると、認識の齟齬ややり直しが発生しづらいです。結果的に、非常にスムーズに制作を進められるでしょう。
何度もお伝えしているとおり、URL1つで共有できるため、プロジェクトマネージャーやクライアントとも常に最新状態のデータをもとに話ができます。変更や修正が起きたときも、**コメント**機能によって具体的な箇所について議論ができ、そのログも残るので、今後の作業もしやすいでしょう。

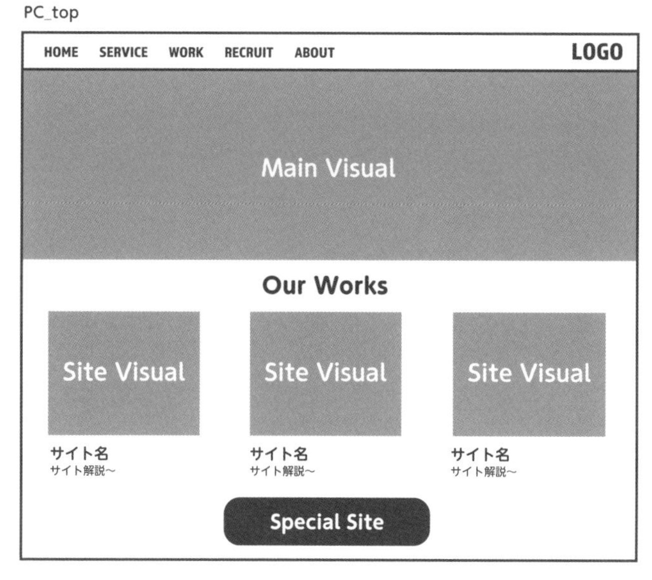

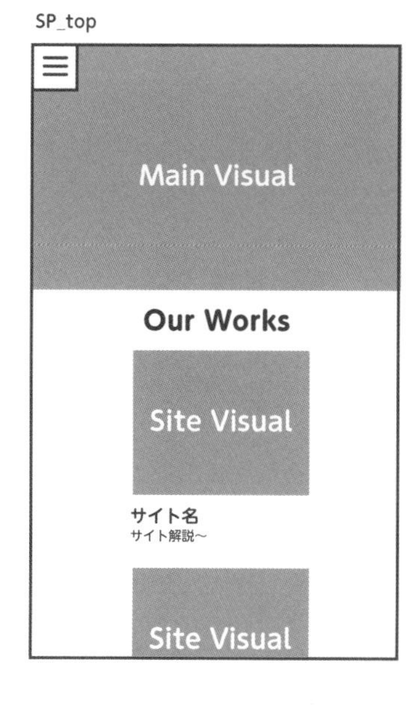

図6.3 Figmaで作るワイヤーフレームのイメージ

デザイナーだけで使わないFigmaの機能を最大限活かすために

デザイナー以外を編集者にする

先ほど紹介したブレインストーミングやムードボード作成など、デザイナー以外にも**編集者**の権限を与えたほうが効果的な場面はあります。
ただし、デザイナー以外の職種の人にいきなりFigmaを紹介して「上手に使ってください」といっても難しいでしょう。
というわけで、レクチャーしておくとよい内容を紹介します。

Figmaのアピールポイント

編集者を増やす以前に、Figmaを使うメリットを感じてもらう必要があります。
デザイナー以外の人にFigmaのメリットを知ってもらうと積極的に使ってもらえるかもしれません。次のようなメリットをお伝えすることをおすすめします。

- **同じURLにアクセスすれば常に最新版が見れる**
- **多くのツールを使わなくても制作を進められる**
- **コメントはひとつひとつスレッドになっていて、議論のログを残しやすい**

まずは、「同じURLにアクセスすれば常に最新版が見れる」点です。
おそらく、大半のプロジェクトマネージャーは「バージョン1」・「バージョン1レビュー済」・「バージョン2」・「バージョン2-2」など、ファイルの管理に頭を悩まされた経験があるはずです。対して、Figmaのデータは常に最新版であり、変更履歴をいつでもたどれることができます。ここを伝えることができれば、プロジェクトマネージャーにも響くでしょう。
変更履歴をたどるときは、図6.4のように❶ツールバーの⌄をクリックし、❷**バージョン履歴を表示**を選択します。すると右サイド

memo

Hint

Material Symbols

https://www.figma.com/community/plugin/1088610476491668236/Material-Symbols

バーに**バージョン履歴**の一覧が表示されます。履歴にマウスの矢印をかざすとと、**その他のオプション**が表示されるので、クリックするとさらなるアクションを実行できます。

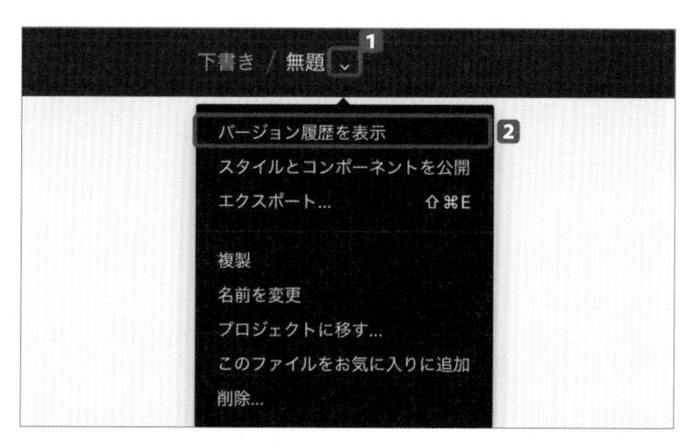

図6.4　バージョン履歴を表示

図6.5　バージョン履歴 その他のオプション展開前

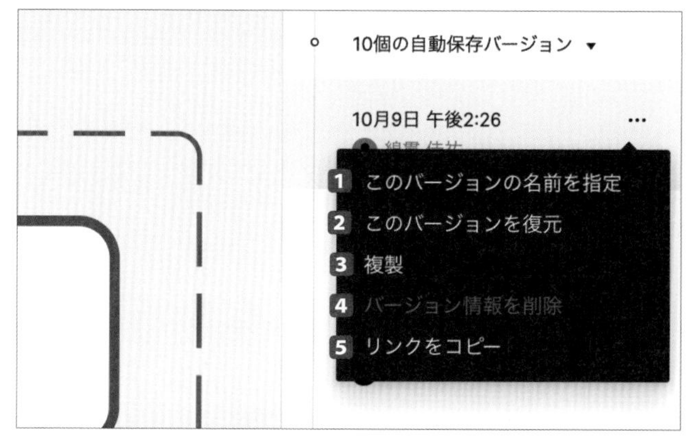

図6.6　バージョン履歴 その他のオプション展開後

memo

Hint
Storyset by Freepik
https://www.figma.com/community/plugin/865232148477039928/Storyset-by-Freepik

表6.1　バージョン履歴の機能

名称	機能
❶ このバージョンの名前を指定	バージョンごとに名前と簡単な説明を追加できる。
❷ このバージョンを復元	現在のファイルを、このバージョンのときの状態に戻す。
❸ 複製	現在のファイルとは別のファイルとして、このバージョンのデータを複製する。
❹ バージョン情報を削除	バージョンの名前を指定しているときのみ使用可能。名前や説明を削除する。
❺ リンクをコピー	最新状態へのリンクではなく、このバージョンへアクセスするためのリンクをコピーできる。

次に、多くのツールを使わなくても制作を進められる点です。

かつて、ワイヤーフレームとプロトタイプと詳細なインターフェースは、すべて別のソフトで作っていました。そのため、手戻りが発生すると多くの箇所を修正しなければなりませんでした。

Figmaであればそういった手間がないため、魅力的なはずです。

最後に、**コメント**はひとつひとつスレッドになっていて、議論のログを残しやすい点です。

プロジェクトも終盤に差しかかると、「なぜこの決定をしたのか?」や「過去にいった・いわないの水掛け論」が起きてしまう場合もあります。そういった事態を防ぐためにも、どの場所でなんの議論をしているか、あとから確認もしやすい**コメント**機能は便利です。

デザイナー以外に覚えてほしいツール

Figmaの魅力を伝えられたら、実際に使ってもらいましょう。

といっても、デザイナー以外の人に覚えてもらいたいツールはかなり少ないです。

最低限以下のツールが扱えれば問題ないでしょう。

- **四角形や円、多角形などの図形ツール**
- **テキストツール**
- **画像の貼り付け**

幸い、どのツールもOffice製品などとそこまで使用感は変わりません【1】。

memo

【1】 コンポーネントやオートレイアウトは便利な機能ですが、ここでは不要と考えて大丈夫です。

Figma コミュニティ

コミュニティファイル

Figmaでは自分でデータを作るだけでなく、人が作ったデータを活用することもできます。
コミュニティには多くの**ファイル**が公開されており、それらをコピーし再利用できます。手直しすればすぐにデータを利用できますし、どのように**ファイル**が作られているかを学習できるようなメリットもあります。
ここでは**ファイル**の探し方や、それらの活かし方について解説します。
まず、**コミュニティ**にアクセスするには、ファイルブラウザの左サイドバーで**コミュニティ**をクリックします。

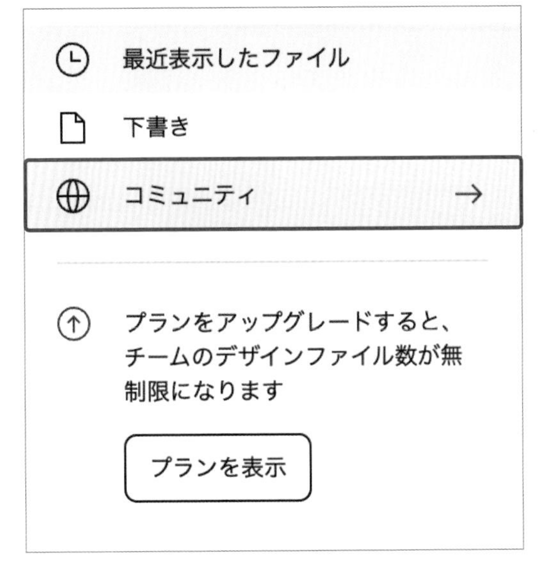

図6.7　ファイルブラウザの左サイドバーの、コミュニティへのリンク

すると、図6.8のように**コミュニティ**のトップ画面へと遷移します。

memo

Hint

realistic-dummy-text-ja

https://www.figma.com/community/plugin/946692694904143875/realistic-dummy-text-ja

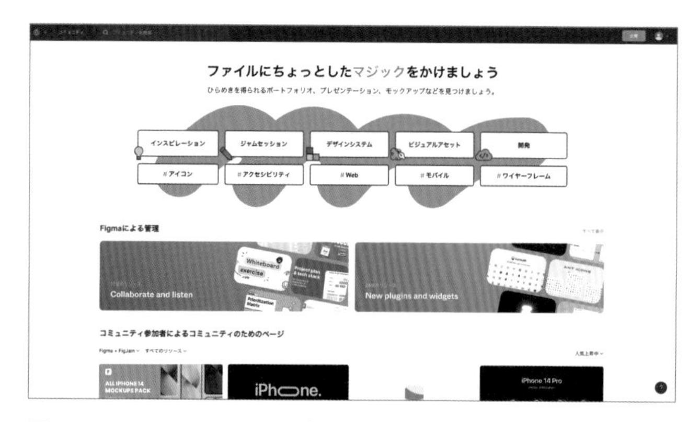

図6.8　コミュニティのトップ

検索窓に[Material Design]【1】と入力して検索すると、図6.9のような画面になります。この中から[Material 3 Design Kit]を開いてみましょう。

右上にある**コピーを取得する**を押すと、自分のドラフトに複製されます。複製したあとは自由に変更可能なので、そのままコピー&ペーストで使うもよし、一部を上書きして使うもよしです。「3.11 スタイルやコンポーネントをまとめて管理するチームライブラリ」で少しだけ触れた**ライブラリ**としても利用できるので、自分のチーム用の独自ライブラリとして運用するのもよいでしょう【2】。

memo

【1】　Googleの作ったデザインシステムで、広く普及しているものです。メインはAndroid向けですが、iOSやWebなどさまざまな場所で利用できるように作られています。

【2】　便利とか役に立ったと思ったら、お礼に**いいね**を押すと、きっと製作者の励みになります。

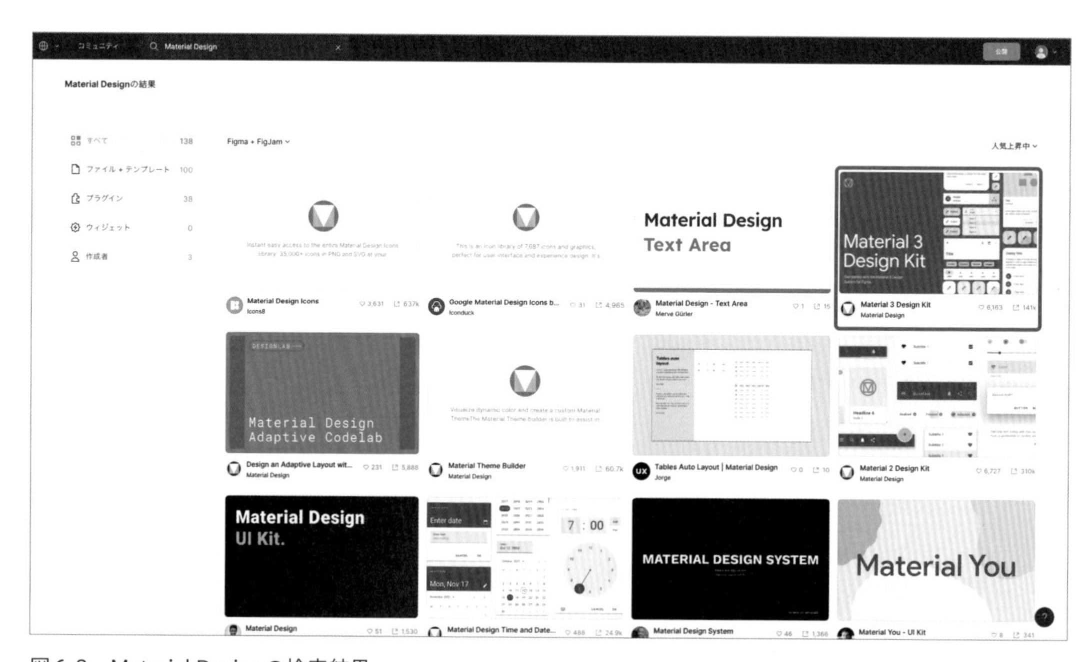

図6.9　Material Designの検索結果

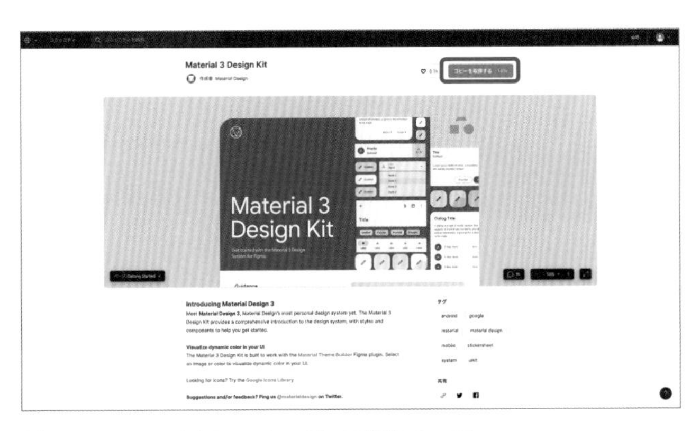

図6.10　Material 3 Design Kitの詳細ページ

このように、すでにFigmaコミュニティ上にさまざまなファイルがあるため、自分で一から作る前にまずは覗いてみるのもよいでしょう。
例えば、音楽アプリを作りたいとき、[Music app]と調べればいろいろな種類のものがヒットします。
また、先ほどMaterial Designを調べたときのように、有名なデザインシステムやUIライブラリのデータが登録されていることもあります【3】。

プラグイン

Figmaには**プラグイン**という機能拡張のための手段があります。**プラグイン**を使用することで、Figmaの標準機能にはない編集が可能になったり、手作業では面倒な内容を簡略化できたりします。導入方法と代表的なプラグインであるUnsplashの使い方も解説します。

memo

【3】 データには公式のものも非公式のものも、どちらもありますので、自分で調べながら利用してください。

column

Appleのデザインファイル

Material Designに関するファイルやプラグインは公式から提供されているのですが、Appleからはありません。
Human Interface GuidelinesはPhotoshopやAdobe XD、Sketch用　のデータはあるので、いつかFigma用データの公開もあるかもしれません。
非公式のものは多くあるのですが、精度に懸念が残ります。
そのため、今回の解説では公式から出ているMaterial Designのものを紹介しました。

まず、ツールバーから**リソース**ツールを選択し、ドロップダウンウィンドウ内の**プラグイン**タブを選択します。

図6.11　リソースツール内のプラグインタブ

検索窓に[Unsplash]と入力してみましょう。候補の一番上にUnsplashが出てきます。

図6.12　Unsplashの検索結果

Keyboard Shortcut	
リソース	
macOS	shift + I
Windows	Shift + I

こちらをクリックすると画面が変わるので、**実行**をクリックしてください。

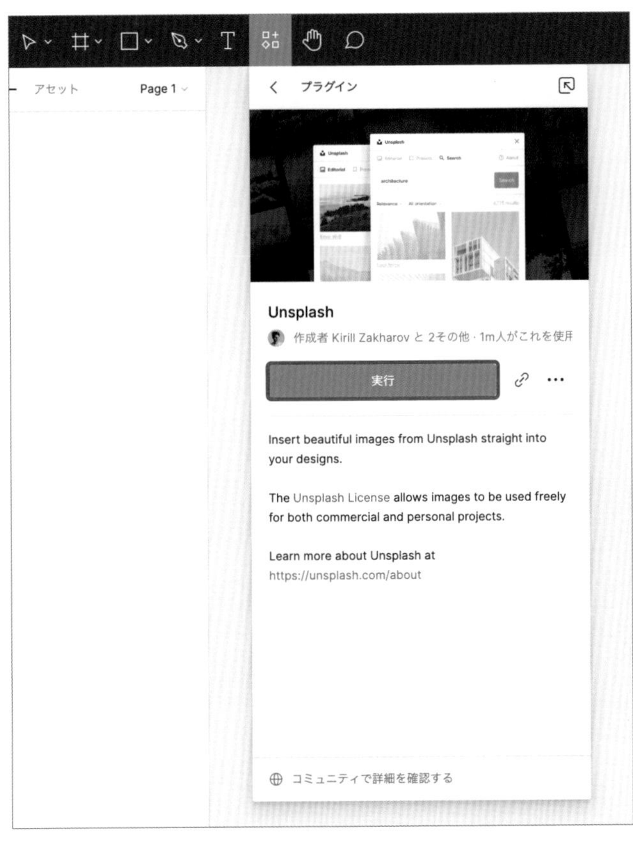

図6.13 Unsplashの詳細画面

すると、図6.14のように別の小さなウィンドウが開きます。表示されている写真をクリックすると、キャンバス内に画像が配置されます。

また、探したい言葉を英語で入力して画像を検索できます。

図6.14　Unspalashを起動したあとのウィンドウ

Unsplashは商用利用化で利用許可も不要、帰属表示も必須でありません。そのためちょっとしたダミー画像探しから、メインビジュアルの素材探しまで非常に活躍するプラグインです。

column

便利なプラグイン

ここでいくつか便利な**プラグイン**を紹介します。**プラグイン**はたくさんあるので、迷ってしまうときは参考にしてください。

Material Symbols

Googleが提供している**プラグイン**で、多くのアイコンが収録されています。塗りの有無や線の太さなど細かなカスタマイズも可能で、使い勝手もよいです。

https://www.figma.com/community/plugin/1088610476491668236/Material-Symbols

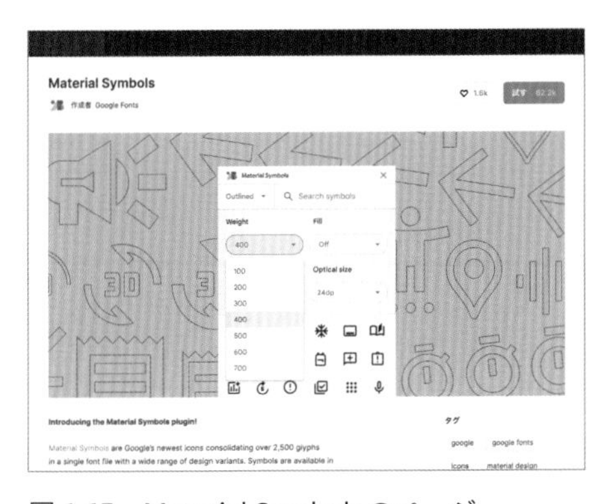

図6.15　Material Symbolsのページ

Storyset by Freepik

5つのテイストのイラストを、色や背景スタイルを自由に変えて挿入することが可能です。帰属表示は必須ですが、イラストの改変も自由なため、ちょっとした挿絵が必要な場面などで活躍します。

https://www.figma.com/community/plugin/865232148477039928/Storyset-by-Freepik

図6.16　Storyset by Freepikのページ

realistic-dummy-text-ja

日本語のリアルなダミーテキストを生成してくれる**プラグイン**です。UI作成においては頻繁にダミーテキストを挿入するのですが、英語用の**プラグイン**が多いため、日本語用のものは便利です。

https://www.figma.com/community/plugin/946692694904143875/realistic-dummy-text-ja

図6.17　realistic-dummy-text-jaのページ

column

Chroma Colors

選択中の要素の色を**スタイル**に登録してくれる**プラグイン**です。chapter 3で実施したように、通常は1色ずつ登録していくのですが、数が増えると大変です。

多くの色を登録するような場面で便利です。

https://www.figma.com/community/plugin/739237058450529919/Chroma-Colors

図6.18　Chroma Colorsのページ

Text Styles Generator

選択中のテキストのプロパティを**スタイル**に登録してくれる**プラグイン**です。こちらも1つずつ登録していくと手間がかかるため、時短につながります。

https://www.figma.com/community/plugin/759472336242530542/Text-Styles-Generator

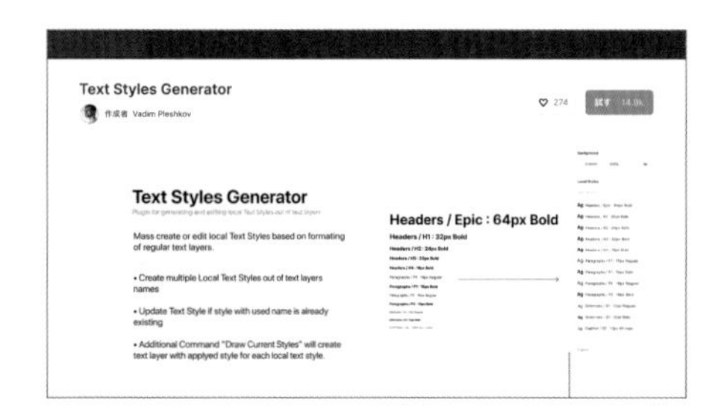

図6.19　Text Styles Generatorのページ

ウィジェット

Figmaには**プラグイン**だけでなく**ウィジェット**というカスタム要素も存在します。**ウィジェット**は**プラグイン**とちがってキャンバスに要素として配置されます。

プラグインはあくまで実行したユーザー本人しか操作できませんが、**ウィジェット**は**編集者**であれば誰もが操作可能です。

ウィジェットの導入の仕方は**プラグイン**のときとほとんど同じです。**リソース**ツールの**ウィジェット**タブから検索して、使用したいものを選択するだけです。

図6.20　リソースツールのウィジェットパネル

他のアプリケーションとの連携

Figmaはコラボレーションを重視していることもあり、他のアプリケーションとの連携も充実しています。SlackやMicrosoft Teamsに通知を流したり、JiraやTrelloにFigmaファイルを埋め込んでカンバン管理の流れに取り込んだり、使い方はさまざまです。

対応しているアプリケーションも数多くあるため、ひとつひとつの連携方法などには触れません。

こういった拡張方法もあることを理解しておくと、今後ますます便利に使えるでしょう。

memo

Slack
https://slack.com/intl/ja-jp

Microsoft Teams
https://www.microsoft.com/ja-jp/microsoft-teams/group-chat-software

Jira
https://www.atlassian.com/ja/software/jira

Trello
https://trello.com/ja

Figma公式からの情報収集

ブログ

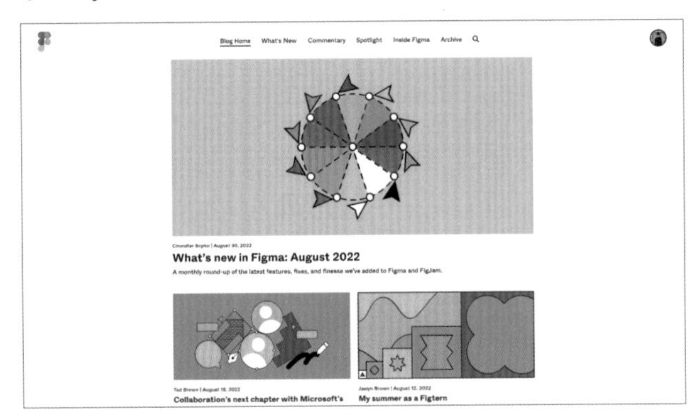

図6.21　ブログのトップページ

https://www.figma.com/blog/

最近出た情報、ベータ版として出ている機能など、いろいろ役に立つ情報が載っています。すべてに目をとおすのは無理でも、たまに一覧を眺めるとおもしろいニュースに出会えることもあるでしょう。

公式ベストプラクティス

図6.22　公式ベストプラクティスのページ

https://www.figma.com/ja/best-practices/

Figmaが公式に掲載している「ベストプラクティス」という情報は有益です。コンポーネントライブラリの作り方やブランチ機能の扱い方など、たくさんの内容が載っています。
また、チームやプロジェクトの分け方、ライブラリの管理についてなど、実務を進めるうえで迷いそうなポイントもしっかり押さえられているので、要チェックです。
ツールの導入初期は試行錯誤が多く、推奨されていない使い方をしてしまう場面もあるでしょう。最初にこベストプラクティスを読んでおくことで、初心者でもある程度のレベルまで素早く到達できるのはFigmaのよいポイントの１つです。

Twitter・Instagram

TwitterやInstagramは、機能のアップデート時など短い動画つきで投稿されていて、概観を掴むのに便利です。フォローしておくと、最新情報やアップデート情報がリアルタイムで手に入ります。
Twitterアカウントはいくつかあります。

図6.23　Twitterアカウント

- https://twitter.com/figma
  英語版のアカウントで、最も情報量が多い
- https://twitter.com/FigmaJapan
  日本語版のアカウントで、日本語に特化した説明が多い
- https://twitter.com/fof_tokyo
  Figmaに関するイベント関連のツイートがメイン

Hint

英語版アカウント

https://twitter.com/figma

日本版アカウント

https://twitter.com/FigmaJapan

Friends of Figma, Tokyo

https://twitter.com/fof_tokyo

Instagramのアカウントは1つです。

図6.24　Instagramアカウント

https://www.instagram.com/figma/

YouTube

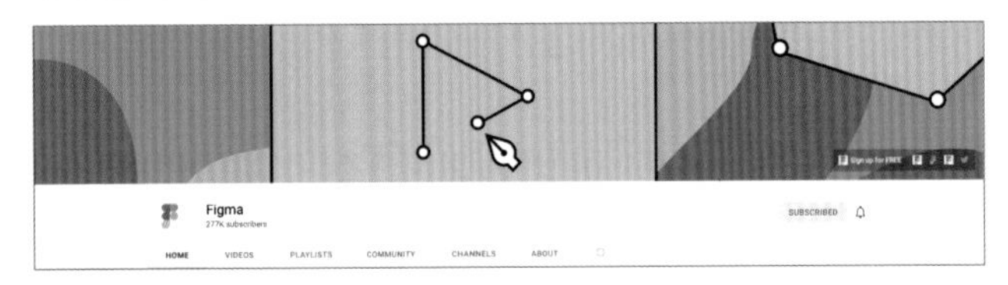

図6.25　YouTubeアカウント

https://www.youtube.com/figmadesign

5分で見れるものから1時間超のものまで、多様な動画がアップされています。カンファレンスの動画などもよくアップされており、見逃した場合も確認できるのがメリットです。

memo

Hint
Instagramアカウント
https://www.instagram.com/figma/
Youtubeアカウント
https://www.youtube.com/figmadesign

おわりに

著者は、日頃から「デザインをひらく」ことを重視しています。デザインは誰かひとりだけで進めるものではなく、関わる人々みんなで作り上げるものだと信じているからです。

ひと昔前までは、制作の途中経過を見せたがらないデザイナーや、徒弟制度めいた育成環境も多く存在していました。そういった制作体制の場合、アウトプットの質は個人の技量に左右されがちです。この文化が根強いままでは、組織全体、ひいては社会全体でよりよいものを作るのは難しいと考えていました。

そんな折、コミュニケーションを重視するデザインツールとしてFigmaが現れました。Figmaをとおして、デザインの認識が「個人で作る」から「多くの人で作る」に変わった方も多くいるでしょう。

本書はFigmaの入門書のため、紙面の多くを機能の説明にあてていますが、根本的に重要なのはコラボレーションを重視する思想です。ひとりのデザイナーがツールとして使うだけであれば、chapter2からchapter4の内容を知っていれば十分かもしれません。しかし、文章量は少ないですがchapter1やchapter5、chapter6に記した「いろいろな人とのコラボレーション」が重要です。逆にいえば、機能は完璧に覚えても、ワンマンプレーを好み続けるのであればFigmaを上手く扱えているとはいえません。こういった思想の話は、機能解説には不要なため本文内での明記は避けましたが、外せないポイントであるためここに記載します。

また、本書は入門書としてかなり内容を絞って構成しました。紹介しきれていない機能も多く存在します。さらに、Figmaはアップデートが早いため、日々機能が追加されています。現に、この書籍を執筆している間にも多くのアップデートがあり、可能な限り内容を更新しましたが、すべては追いついていません。本書を読んで基礎的な使い方を理解できたら、発展的な機能についても調べると、よりFigmaを使いこなせます。情報収集先についてはchapter6にも記載していますので、参考にしてください。

最後に、多くの方のサポートによって本書を執筆することができました。構成や文章はもちろん、図解や見本データまで、わかりやすくなるようアドバイスをくださった編集の中山 みづきさん。詳細なレビューとプラグインを紹介させていただいた関 憲也さん。同じく、レビューにご協力いただいたFigmaのJapan Country Manager 川延 浩彰さん、Designer AdvocateのCorey Leeさん。心より感謝いたします。

INDEX

ア

カ

サ

タ

ナ

ハ

マ

ヤ

ラ

ワ

ショートカットキー一覧

機能	macOS	Windows
表示		
マルチプレイヤーカーソル	option + command + \	Alt + Ctrl + \
左サイドバー	command + shift + \	Ctrl + Shift + \
レイヤーパネル	option + 1	Alt + 1
アセットパネル	option + 2	Alt + 2
デザインパネル	option + 8	Alt + 8
プロトタイプパネル	option + 9	Alt + 9
インスペクトパネル	option + 0	Alt + 0
レイアウトグリッド	shift + G	Shift + G
ツールの呼び出し		
フレームツール	F	F
移動ツール	V	V
手のひらツール	H	H
テキストツール	T	T
長方形ツール	R	R
直線ツール	L	L
矢印ツール	shift + L	Shift + L
ペンツール	P	P
曲線ツール	シェイプ編集モードで command	シェイプ編集モードで Ctrl
楕円ツール	O	O
リソース	shift + I	Shift + I
拡大縮小		
ズームイン	command + +	Ctrl + +
ズームアウト	command + −	Ctrl + −
100%ズーム	command + 0	Ctrl + 0
自動ズーム調整	shift + 1	Shift + 1
選択範囲に合わせてズーム	shift + 2	Shift + 2
縦横比を保ったまま拡大縮小	shift を押しながらドラッグ	Shift を押しながらドラッグ
オブジェクトの中心を基準に拡大縮小	option を押しながらドラッグ	Alt を押しながらドラッグ
オブジェクトの中心点を基準に縦横比を保ったまま拡大縮小	shift + option を押しながらドラッグ	Shift + Alt を押しながらドラッグ
サイズ自動調整(フレームのみ)	option + shift + command + R	Alt + Shift + Ctrl + R
もとに戻す		
もとに戻す	command + Z	Ctrl + Z
やり直し	shift + command + Z	Shift + Ctrl + Z

機能	macOS	Windows
コピー&ペースト		
コピー	command + C	Ctrl + C
貼り付け	command + V	Ctrl + V
貼り付けて置換	shift + command + R	Shift + Ctrl + R
整列		
左揃え（|=）	option + A	Alt + A
右揃え（=|）	option + D	Alt + D
水平方向の中央揃え（‡）	option + H	Alt + H
垂直方向の中央揃え（⧺）	option + V	Alt + V
上下中央揃え	option + V	Alt + V
上揃え（⊤）	option + W	Alt + W
下揃え（⊥）	option + S	Alt + S
均等配置	control + option + T	Ctrl + Alt + T
垂直方向に等間隔に分布	control + option + V	Ctrl + Alt + V
水平方向に等間隔に分布	control + option + H	Ctrl + Alt + H
1px移動	矢印キー	矢印キー
10px移動	shift + 矢印キー	Shift + 矢印キー
レイヤー操作		
前面へ移動	command +]	Ctrl +]
背面へ移動	command + [	Ctrl + [
最前面へ移動	]	]
最背面へ移動	[	[
選択範囲の名前を変更	command + R	Ctrl + R
グループ化		
選択範囲のグループ化	command + G	Ctrl + G
選択範囲のグループ化解除	shift + command + G	Shift + Ctrl + G
オートレイアウト		
オートレイアウトの追加	shift + A	Shift + A
オートレイアウトの解除	option + shift + A	Alt + Shift + A
コメント		
コメントの追加	C	C
コメントを表示／非表示	shift + C	Shift + C
コンポーネント		
コンポーネントの作成	option + command + K	Alt + Ctrl + K
インスタンスの切り離し	option + command + B	Alt + Ctrl + B

著者プロフィール

綿貫佳祐（わたぬき けいすけ）

Qiita株式会社デザイナー。1993年愛知県生まれ。名古屋学芸大学を卒業後、2017年に株式会社エイチームに入社。複数のサービスにおいて設計から実装まで広く手がける。2020年よりグループ会社のQiita株式会社に所属。Figmaを中心にして社内のデザインシステムを整備し、現在も拡張しつつ運用中。

2018年頃よりFigmaを使用し始める。ユーザーグループへの所属やWebでの発信、勉強会の実施など精力的に普及を図る。

これまでにFigma関連だけで20以上の記事を発信。

Qiita　：https://qiita.com/xrxoxcxox

Twitter：https://twitter.com/xrxoxcxox

装丁・本文デザイン ● 山川図案室
DTP ● 酒徳 葉子
担当 ● 中山 みづき

本書についての電話によるお問い合わせはご遠慮ください。質問等がございましたら、下記までFAXまたは封書でお送りくださいますようお願いいたします。

〒162-0846
東京都新宿区市谷左内町21-13
株式会社技術評論社雑誌編集部
FAX：03-3513-6173
「Figmaデザイン入門」係

FAX番号は変更されていることもありますので、ご確認の上ご利用ください。
なお、本書の範囲を超える事柄についてのお問い合わせには一切応じられませんので、あらかじめご了承ください。

Figma（フィグマ）デザイン入門（にゅうもん）

～UI（ユーアイ）デザイン、プロトタイピングからチームメンバーとの連携（れんけい）まで～

2023年　2月21日　初版　第1刷発行

著　者　綿貫（わたぬき） 佳祐（けいすけ）
発行者　片岡 巖
発行所　株式会社技術評論社
　　　　東京都新宿区市谷左内町21-13
　　　　電話　03-3513-6150　販売促進部
　　　　　　　03-3513-6177　雑誌編集部
印刷／製本　図書印刷株式会社

定価はカバーに表示してあります。

ISBN978-4-297-13378-8 C3055
Printed in Japan